1分钟儿童小百科

病毒细菌小百科

介于童书 / 编著

江苏凤凰科学技术出版社·南京

图书在版编目（CIP）数据

病毒细菌小百科 / 介于童书编著 . — 南京：江苏
凤凰科学技术出版社, 2021.3（2022.4重印）

（1分钟儿童小百科）

ISBN 978-7-5713-1559-7

Ⅰ.①病… Ⅱ.①介… Ⅲ.①病毒—儿童读物②细菌
—儿童读物 Ⅳ.①Q939-49

中国版本图书馆 CIP 数据核字 (2020) 第 227088 号

1分钟儿童小百科

病毒细菌小百科

编　　　　著	介于童书
责 任 编 辑	倪　敏
责 任 校 对	仲　敏
责 任 监 制	方　晨

出 版 发 行	江苏凤凰科学技术出版社
出版社地址	南京市湖南路 1 号 A 楼，邮编：210009
出版社网址	http://www.pspress.cn
印　　　　刷	北京博海升彩色印刷有限公司

开　　　　本	710 mm×1 000 mm　1/24
印　　　　张	6
字　　　　数	18 000
版　　　　次	2021年3月第1版
印　　　　次	2022年4月第4次印刷

标 准 书 号	ISBN 978-7-5713-1559-7
定　　　　价	39.80元（精）

图书如有印装质量问题，可随时向我社印务部调换。

　　早在人类出现以前，病毒和细菌就已经占领我们生存的星球。这些肉眼看不见的微生物，生命力非常顽强，无论是自然灾害，还是人类研制的各种药物，都没能彻底地消灭它们。

　　今天，病毒和细菌已经广泛存在于我们的生活中。特别是有些狡猾的病毒，利用呼吸道、口腔等器官肆意繁殖与扩散，攻破人体的免疫系统，引发许多可怕的传染病，威胁我们的健康。我们必须对病毒和细菌加以重视，只有了解它们是什么、怎样传播，才能做好充足的预防措施，更加有效地保护好我们自己的身体，保护赖以生存的地球免遭流行病的侵害。

目录

DNA病毒

腺病毒 / 8
人类乳突病毒 / 10
疱疹病毒 / 12
痘病毒 / 14
天花病毒 / 16
牛痘病毒 / 18
乙肝病毒 / 20
人乳头瘤病毒 / 22
巨细胞病毒 / 24

RNA病毒

肠病毒 / 28
鼻病毒 / 30
流行性感冒病毒 / 32
副粘病毒 / 34

拉沙病毒 / 36
SARS 病毒 / 38
2019新型冠状病毒 / 40
轮状病毒 / 42
艾滋病病毒 / 44
禽流感病毒 / 46
狂犬病毒 / 48
甲型H1N1流感病毒 / 50
腮腺炎病毒 / 52
小儿麻痹病毒 / 54
甲型肝炎病毒 / 56
登革热病毒 / 58
汉坦病毒 / 60
麻疹病毒 / 62
丙型肝炎病毒 / 64
流行性乙型脑炎病毒 / 66

柯萨奇病毒 / 68

MERS病毒 / 70

埃博拉病毒 / 72

马尔堡病毒 / 74

风疹病毒 / 76

诺如病毒 / 78

呼吸道合胞病毒 / 80

西尼罗病毒 / 82

烟草花叶病毒 / 84

球菌

肺炎双球菌 / 88

脑膜炎球菌 / 90

无乳链球菌 / 92

四联球菌 / 94

金黄色葡萄球菌 / 96

杆菌

枯草芽孢杆菌 / 100

梭状芽胞杆菌 / 102

炭疽杆菌 / 104

大肠杆菌 / 106

醋酸杆菌 / 108

双歧杆菌 / 110

变形杆菌 / 112

鼠疫杆菌 / 114

结核分枝杆菌 / 116

沙门氏菌 / 118

白喉杆菌 / 120

肺炎克雷伯菌 / 122

绿脓杆菌 / 124

军团菌 / 126

乳酸菌 / 128

布氏杆菌 / 130

螺形菌

霍乱弧菌 / 134

幽门螺杆菌 / 136

空肠弯曲菌 / 138

互动小课堂 / 140

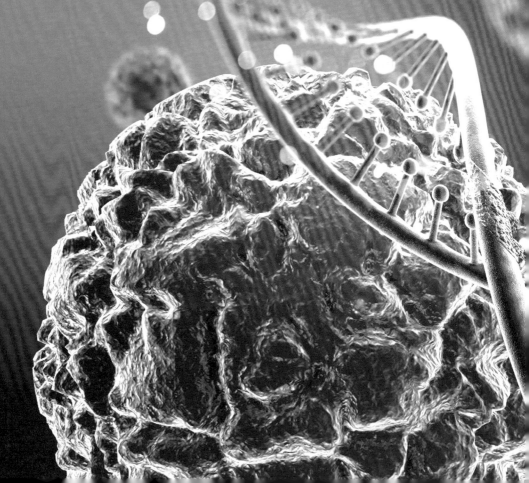

DNA病毒

病毒是一种非常微小、结构简单的非细胞型微生物，根据病毒核酸的不同，可以分为DNA病毒和RNA病毒。病毒不能独立生存，必须进入活的宿主细胞内，利用细胞中的营养物质生长、繁殖。

DNA病毒是一种常见的核酸成分为DNA的生物病毒，主要寄生在人、脊椎动物和昆虫的细胞里，具有一定的传染性。

腺病毒

腺病毒是一种常见病毒。这种病毒能够感染人的眼睛、呼吸道、胃肠道、肝脏、尿道和膀胱等器官，引起眼角膜炎、感冒、支气管炎、肺炎、胃肠炎等疾病。腺病毒主要通过呼吸道飞沫和人体接触传播，传染性很强。特别是在一些人群密集的封闭环境中，腺病毒可能会大规模地流行。人们一旦感染这种病毒，需要及时去医院治疗。

防护小知识

　　每年的冬季和春季是腺病毒的高发期，我们要尽量少去人多的公共场所，外出时要佩戴口罩，经常洗手和消毒。

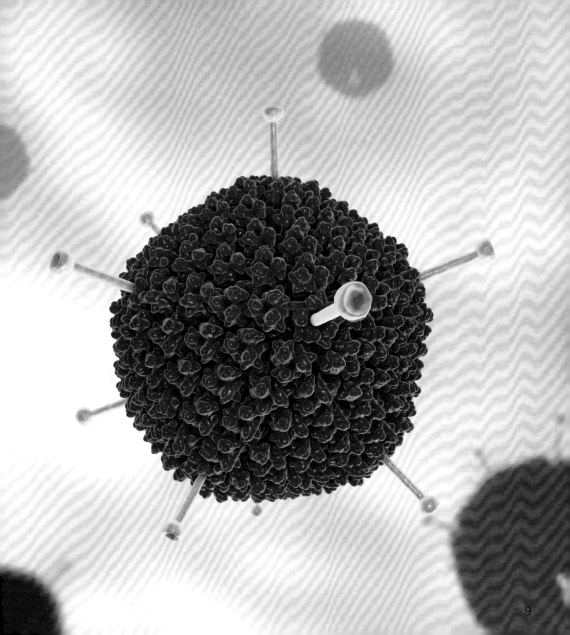

人类乳突病毒

人类乳突病毒（HPV）是一种个头很小的DNA病毒，专门感染人的皮肤和黏膜组织。如果感染这种病毒，就有可能引起皮肤疣、手掌疣、扁平疣等疾病，严重者还会引起病变。一般来说，人感染人类乳突病毒的时间越长，风险也越大。如果人体免疫力良好的话，1~2年后病毒就会消失；而免疫力差的人，很有可能会持续感染。

防护小知识

要保持生活规律、饮食营养，全方位提高自身的免疫力。此外，还要注意个人卫生和家庭卫生，尽量少接触不干净的物品。

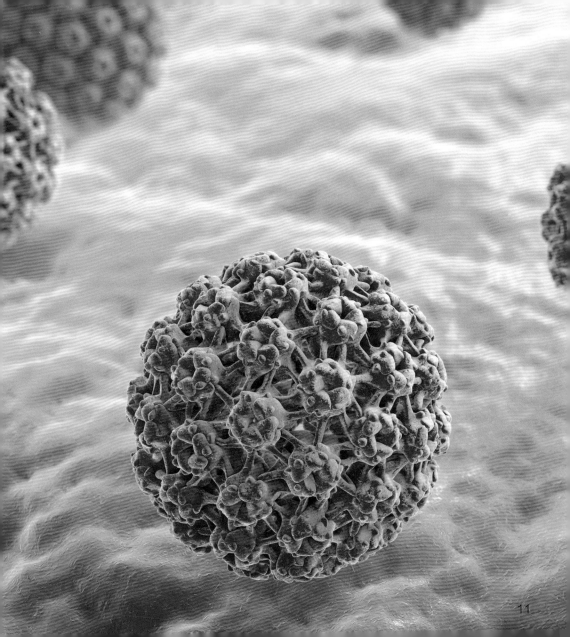

疱疹病毒

疱疹病毒能够感染人的皮肤、黏膜和神经组织，引起口腔性疱疹、唇疱疹、疱疹性角膜炎等疾病。疱疹病毒主要通过人与人之间的密切接触传播，人的口腔、呼吸道和有伤口的皮肤等部位，都可能成为病毒的传播途径。大部分疱疹病毒患者经过1~2周的时间就会自愈，部分患者可以通过口服或注射一些药物，防止复发。

防护小知识

保持皮肤和衣物的清洁，经常洗澡，及时更换、清洗衣物。同时，还要避免与他人共用毛巾、牙刷等生活用品，减少感染风险。

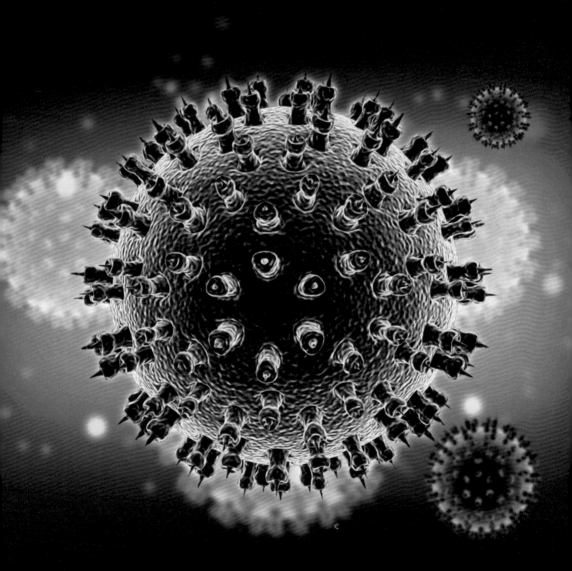

痘病毒

痘病毒是目前发现的最大的动物病毒，可引起人类和多种动物患病。人感染痘病毒后，会出现全身或者局部皮肤化脓，有时还会出现许多丘疹、水疱和脓疱。痘病毒主要通过皮肤的伤口传染，也能通过节肢动物叮咬或空气传播。痘病毒很怕热，高温、太阳光或者紫外线照射可使其很快失去感染力。

 防护小知识

为了减少痘病毒的感染风险，要尽量不去卫生条件差的地方，不接触不卫生的动物；多晒太阳，增强抵抗力。

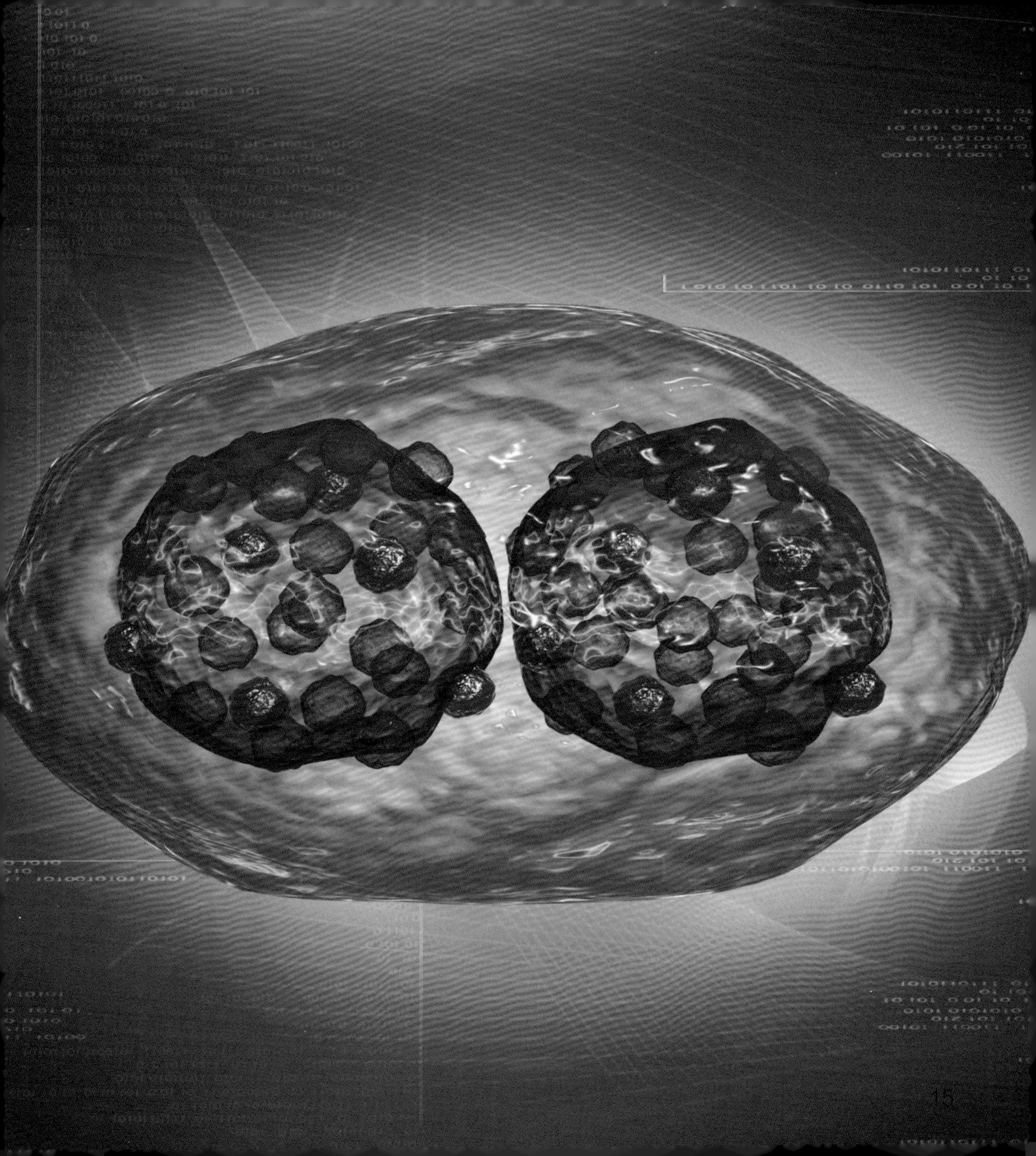

天花病毒

天花病毒是痘病毒的一种，也是传染性非常强的病毒。感染天花病毒的人，会患上烈性传染病——天花。患者会出现高热、头痛等症状，脸部和四肢上长满红色的痘点，继而流脓、结痂。即使痊愈后，大部分天花患者的皮肤上仍然会遗留许多瘢痕。这种病毒主要通过空气飞沫传播，传播速度非常快。患者唾液中会携带天花病毒，很容易将病毒传染给身边的人。

防护小知识

18世纪，英国医生爱德华·詹纳发现牛痘能够预防天花，后来便用牛痘病毒来研制天花疫苗。1980年，世界卫生组织宣布人类彻底消灭天花病毒。

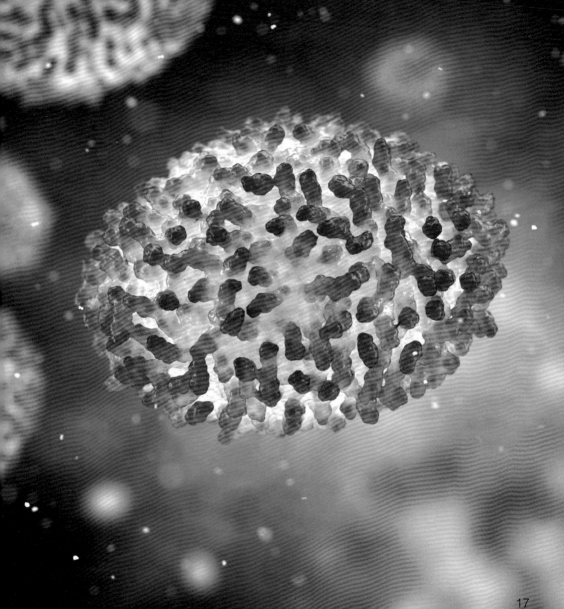

牛痘病毒

牛痘是牛与牛之间出现的一种急性传染病，牛痘病毒就是能引起牛出现牛痘的病毒。这种病毒最初会使母牛的乳房部位形成溃疡，既能传染给其他牛，也能通过与人类的接触传染给人类。牛痘病毒感染者的皮肤上会出现丘疹、水疱。不过，牛痘病毒能对抗天花病毒。人接种牛痘疫苗以后，可以增强抵御天花病毒的免疫力。

防护小知识

虽然传染病牛痘已经消失，但是，我们与畜牧场饲养的动物接触时，依然要戴上手套、保持距离，防止其他病毒的传染。

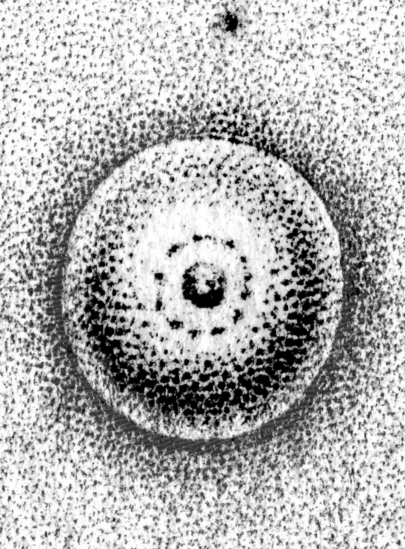

乙肝病毒

乙肝病毒一般聚集在身体的肝细胞里面。如果被乙肝病毒感染，就会患上乙型肝炎。乙肝病毒主要通过血液、性接触和母婴传播，传染性非常强。不管是潜伏期、急性期还是慢性期的感染者，他们的血液都是感染源；患有乙型肝炎的母亲给婴儿喂奶，也会通过母乳将病毒传染给婴儿。如果不小心接触受到病毒污染的针头、采血器等，同样可能感染乙肝病毒。

防护小知识

养成良好的卫生习惯，勤洗手，不与他人共用毛巾、牙刷等物品，及时接种乙肝疫苗。

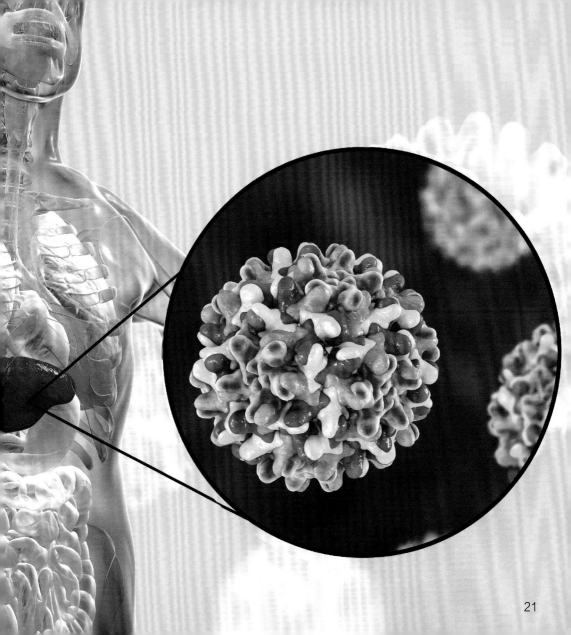

人乳头瘤病毒

人乳头瘤病毒是一种能引起人体皮肤感染的病毒，目前已经分离出100多种。如果人被人乳头瘤病毒感染，就会患上人乳头瘤皮肤病，在手、脚、颈部等部位出现丘疹等皮肤损伤症状。这种病毒主要通过人与人之间的密切接触传播。感染了病毒的母亲，会将病毒传染给刚出生的婴儿。

防护小知识

注意保持环境卫生，经常通风换气；不要与他人混用口杯、衣物、毛巾等物品。外出旅游时，要选择卫生条件良好的酒店住宿。

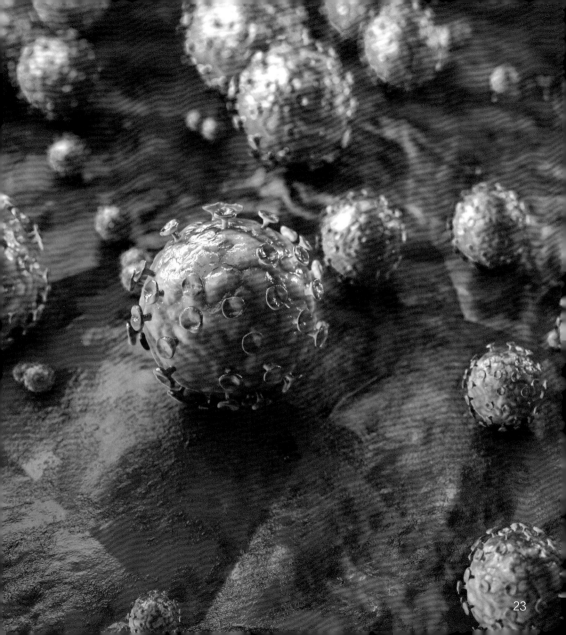

巨细胞病毒

巨细胞病毒是一种分布广泛的病毒，人类和动物都可能感染。因为人体内的细胞被这种病毒感染后会变得肿大，就连细胞核也会变大，所以这种病毒得名巨细胞病毒。巨细胞病毒会引起常见的严重宫内感染，如果孕妇不小心感染了这种病毒，病毒就会通过胎盘感染胎儿，引起新生儿智力发育不全、肝脾肿大或其他先天性缺陷，危害性非常大。

防护小知识

孕妇容易感染巨细胞病毒，平时要注意环境卫生，远离传染源。在条件许可的情况下多锻炼身体，注意饮食营养，提高身体的免疫力。

扫一扫 听一听

RNA病毒

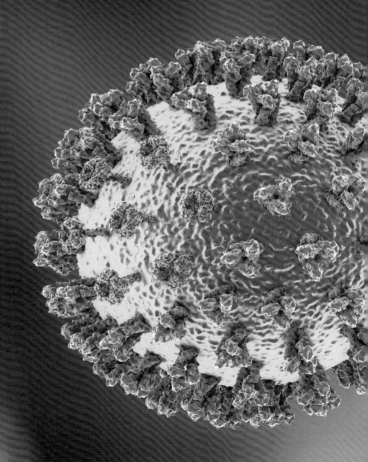

RNA病毒是一种烈性病毒，不具有核酸DNA，只具有核酸RNA。与DNA病毒相比，RNA病毒能够自我复制，变异非常快，致命性也很强。世界上许多常见的致病病毒都属于RNA病毒，比如2019新型冠状病毒、埃博拉病毒和流感病毒等。这些病毒的抵抗力很强，人体很难与它们对抗，短时间内也难以研制出有效的疫苗。此外，大多数植物病毒也属于RNA病毒。

肠病毒

肠病毒是由几十种微小的病毒共同组成的一大群病毒，包括埃可病毒、脊髓灰质炎病毒等。虽然它的名称叫肠病毒，但是却很少引起胃肠道疾病。这种病毒会通过消化道感染人体，在肠道进行繁殖，然后通过粪便排出体外。轻症患者一般会出现呼吸道感染或者发热、呕吐、长疱疹等症状；重症患者则可能引发支气管肺炎、脑膜炎、心肌炎等疾病。

防护小知识

良好的个人卫生和环境卫生能够预防肠病毒感染，所以要勤通风、多洗手，注意饮食卫生，对经常接触的物品及时消毒，在肠病毒高发季节减少室外活动。

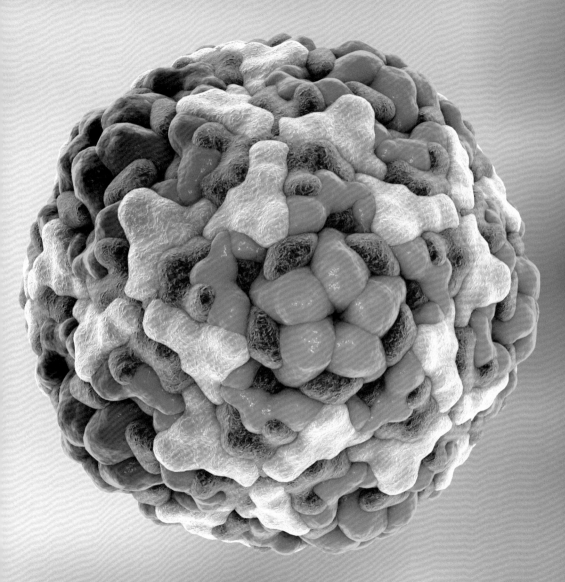

bí bìng dú
鼻病毒

鼻病毒是引起普通感冒的罪魁祸首。这种病毒一是通过飞沫在空气中传播,二是通过被感染的人或被污染的物品直接接触传播。人感染鼻病毒之后,通常会出现头痛、咳嗽、鼻塞、流鼻涕、打喷嚏等症状。虽然感染鼻病毒以后,人体会出现一定的免疫力,但是这种免疫力并不能保持很长的时间。所以,人在生活中还是会反复地感冒。

防护小知识

日常生活中要注意个人卫生,加强体育锻炼。在病毒流行时期,少去人群密集的公共场所。外出时应戴上口罩,预防病毒感染。

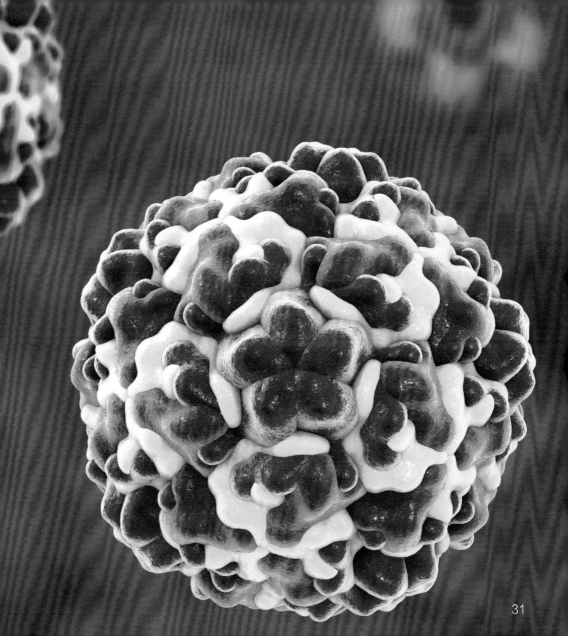

流行性感冒病毒

流行性感冒病毒就是我们经常提到的流感病毒。流感病毒会通过飞沫在空气中传播，也会通过患者与正常人的直接接触传播。有时候，人接触了带病毒的物品也会被感染。每年的秋冬季节，流感病毒会在人群中广泛传播，人"中招"后就会出现高热、头痛、咳嗽、身体酸痛等症状。一般几天之后，感染病毒的人可以自愈，但重症患者也有可能死亡。

防护小知识

想要预防流行性感冒病毒，可以在秋季接种流感疫苗，使身体产生对抗病毒的抗体。另外，还要经常锻炼身体，保持个人卫生。

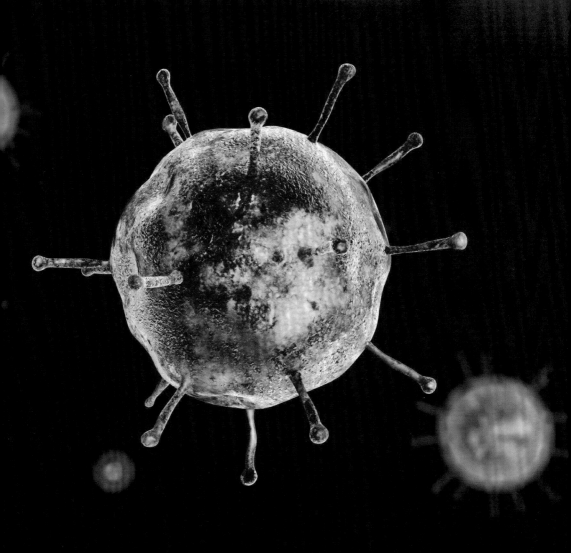

副粘病毒

副粘病毒由一群病毒组成，包括麻疹病毒、腮腺炎病毒、副流感病毒、呼吸道合胞病毒等。这类病毒颗粒的变异性很强，对人类和动物都具有传染性。流行性腮腺炎和禽疫等疾病，都是由副粘病毒感染引起的。这种病毒主要通过呼吸道和消化道传播。正常人与被感染者之间的直接接触也可能传播病毒。

防护小知识

外出时应当佩戴口罩，防止被飞沫中携带的病毒感染。此外，要养成经常洗手的好习惯，保持手部的清洁卫生。

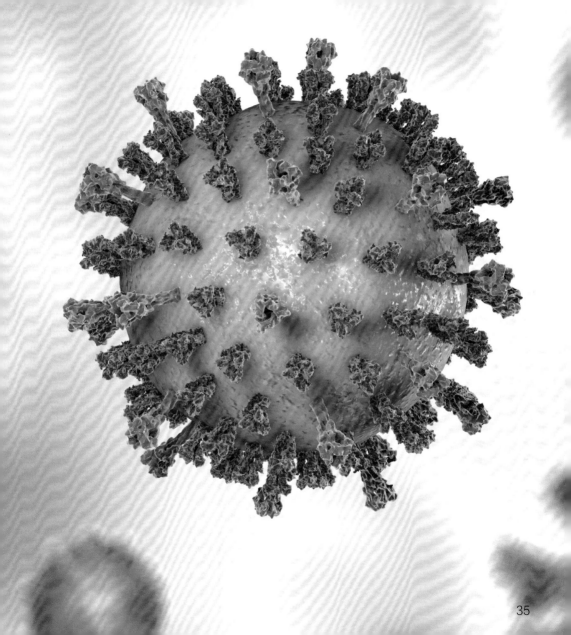

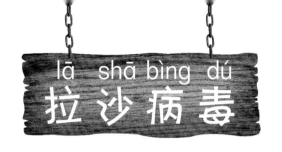

拉沙病毒

拉沙病毒是一种传染性很强的病毒，主要来自一种啮齿类动物。如果人直接接触了带有拉沙病毒的动物，或者接触了被其排泄物污染的物品，就会被病毒感染，患上传染性非常强的急性传染病——拉沙热。而患者体内的病毒又会通过血液、粪便等传染给其他人。患者通常会出现发热、头痛、呕吐、腹泻等症状，严重者还会引发器官受损，导致死亡。

防护小知识

避免与鼠类接触，防止鼠类在家中出现。如果家里有食物或者物品被鼠类污染了，要及时清理它们，并对相关的物品进行消毒。

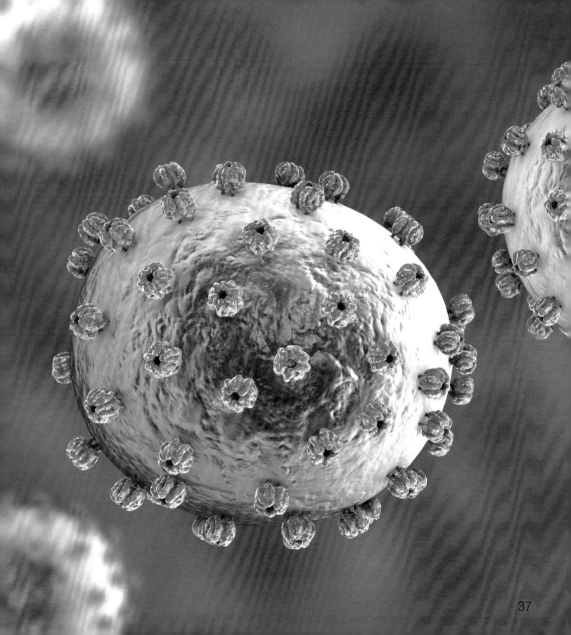

SARS 病毒

SARS病毒是一种传播速度快、致死率高的传染性冠状病毒，会引起非典型肺炎。这种可怕的病毒主要来自野生动物的体内。当携带病毒的动物与人类接触时，便会将病毒传播给人类。人们之间的密切接触，以及喷出的大量飞沫，都是病毒传播的途径。患者通常会出现高热、咳嗽、气短、头痛、缺氧等症状，严重者还会引起呼吸衰竭、休克甚至死亡。

防护小知识

在SARS病毒流行期间，要少出门，外出时应当戴上医用外科口罩，并做好手部及常用物品的清洁和消毒。

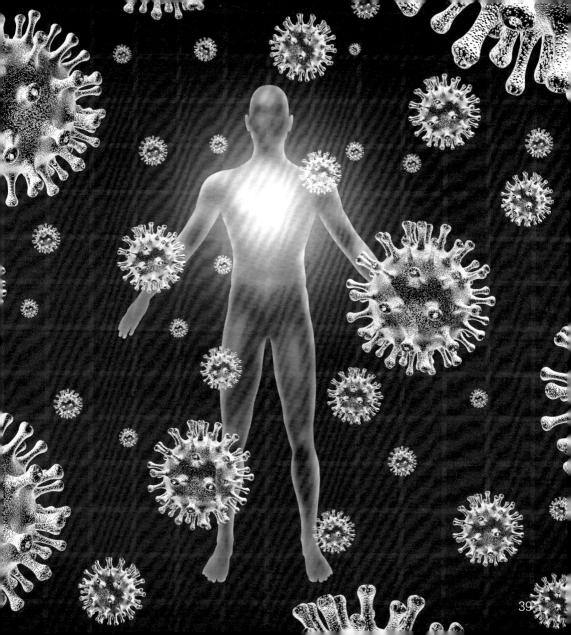

2019 新型冠状病毒

2019新型冠状病毒是从2019年年末起，逐渐肆虐全世界的一种病毒。由这种病毒感染导致的肺炎，被称为"新型冠状病毒性肺炎"（简称"新冠肺炎"）。新型冠状病毒可通过呼吸道飞沫、近距离接触、触摸带有病毒的物品等方式传播。轻症患者会出现发热、咳嗽、呼吸困难等症状；重症患者会发展为肺炎、肾衰竭，甚至导致死亡。

防护小知识

新冠肺炎疫情期间，尽量待在家里，减少外出。偶尔外出时，要佩戴医用外科口罩；手部触碰了公共设施和物品后，要及时清洗和消毒。

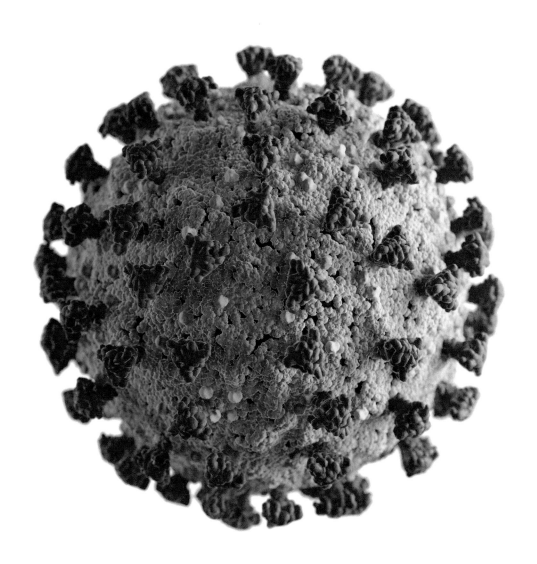

轮状病毒

每年的夏、秋、冬三个季节，都是轮状病毒传播的高发期。这种病毒的传染性非常强，主要感染婴幼儿的小肠上皮细胞，引起发热、呕吐、腹泻等现象，并出现严重的脱水症状，或急性肠胃炎症状。轮状病毒主要通过粪口途径传播，也可通过呼吸道传播。被患者粪便弄脏的衣物、手部等，会迅速传播病毒。

防护小知识

注意孩子的饮食和个人卫生，勤给孩子洗手，及时清理大小便。2个月到3岁的孩子，还可以口服轮状病毒疫苗来防范病毒感染。

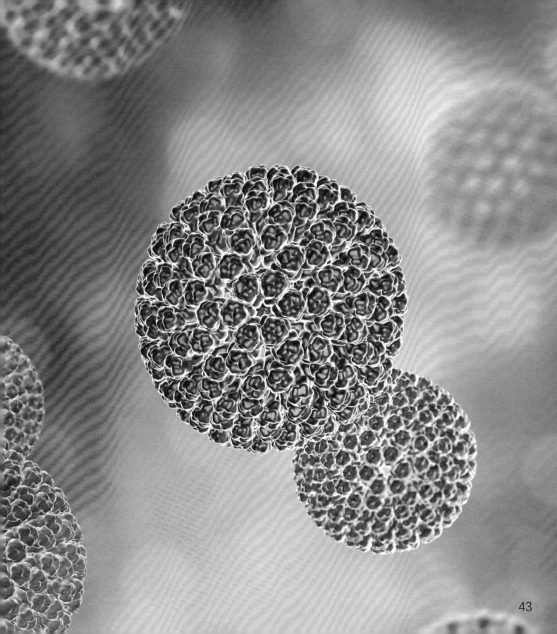

艾滋病病毒

艾滋病病毒也叫人类免疫缺陷病毒，是一种危害性很大的慢性病毒，能够对人体的免疫系统造成伤害，从而引发各种各样的病变。这种病毒主要通过血液传播、母婴传播、性传播等方式，在人与人之间传播。目前，人类还没有找到可以对付这种病毒的有效药物，只能通过药物抑制病毒、缓解患者的症状。

防护小知识

提高自我防范意识，学会自我保护。不要与陌生人亲密接触，更不能与他人进行血液接触，同时一定要拒绝毒品的诱惑。

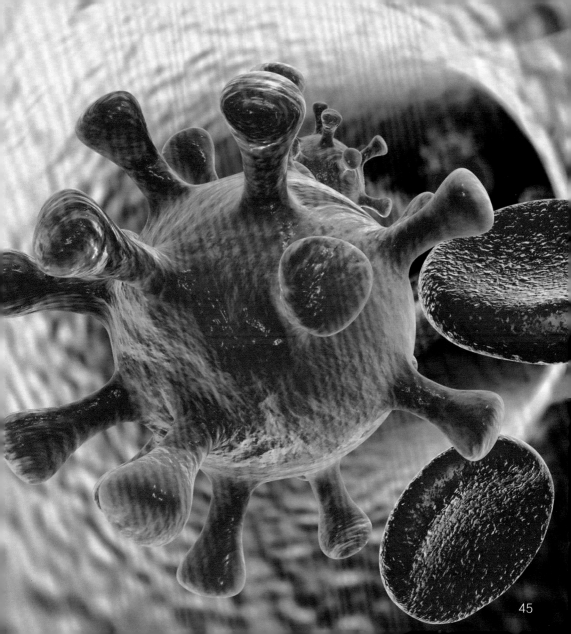

禽流感病毒

禽流感病毒是一种主要在禽类之间出现的甲型流感病毒，引起的急性传染病叫禽流感。每年的春季和冬季是这种病毒传播的高发期。禽流感病毒主要通过呼吸道传播，被病毒污染的空气、粪便、饲养用具等也可能传播病毒。当禽流感爆发时，大部分禽类都会因病毒感染而死亡。一些密切接触病死禽类的人，也有可能被感染。

防护小知识

　　远离禽类的分泌物，保持饲养场的清洁卫生，经常对周围的环境和工作人员的衣物进行消毒，还可以给禽类注射有效的疫苗。

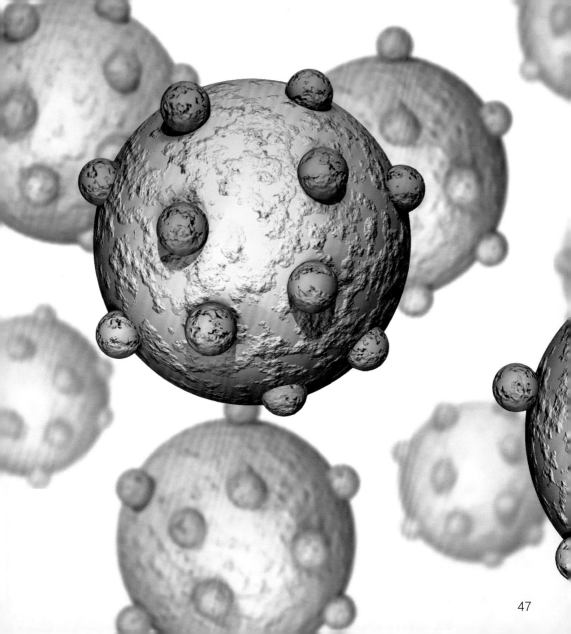

狂犬病毒

狂犬病毒是指引起狂犬病的病毒，主要在野生动物和狗、猫等家畜中传播。这种病毒会存在于患病动物的唾液里，一旦有人被患有狂犬病的动物咬伤、抓伤，就会感染狂犬病毒。有时携带病毒的动物舔舐了人的黏膜或者破损的皮肤，也会传播病毒。狂犬病毒会随着伤口传入人体的脊髓和脑部，引起头痛、发热、痉挛等症状。

防护小知识

不要近距离接触户外陌生的狗、猫等动物。家里饲养的宠物要按时接种疫苗。一旦被动物咬伤，要及时冲洗伤口，尽快赶往专业门诊接受治疗。

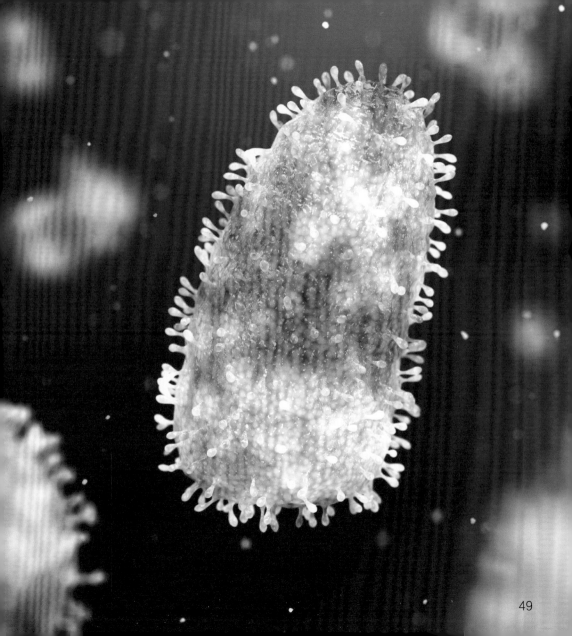

甲型H1N1流感病毒

甲型H1N1流感病毒是一种常见的流感病毒，传染性非常强。这种病毒主要通过人类或动物的呼吸道、密切接触等方式传播；被病毒感染的动物粪便，或者受到病毒污染的环境也会传播病毒。病毒在人体内的潜伏期大约是3天，被感染者会出现咳嗽、发热、肌肉痛等症状，感觉身体很疲倦。一些重症患者还会出现肺炎，甚至死亡。

防护小知识

尽量少去人群密集的场所，外出戴口罩、勤洗手。减少与出现咳嗽、发热症状的人群接触。平时要保证睡眠充足、多锻炼，提高身体的免疫力。

腮腺炎病毒

腮腺炎病毒属于副粘病毒，通过呼吸道传播。那些被感染者唾液污染的物品，也有可能传播病毒。儿童和青少年很容易被腮腺炎病毒感染，先出现头痛、低热等症状，然后出现面部一侧或者两侧的腮腺肿大、胀痛的症状。不过，许多患者被这种病毒感染后，便会获得终生的免疫力。

防护小知识

在腮腺炎病毒高发季节，可以通过接种腮腺炎疫苗来预防。平时要注意个人的清洁卫生，尽量减少在人群密集的场所活动。

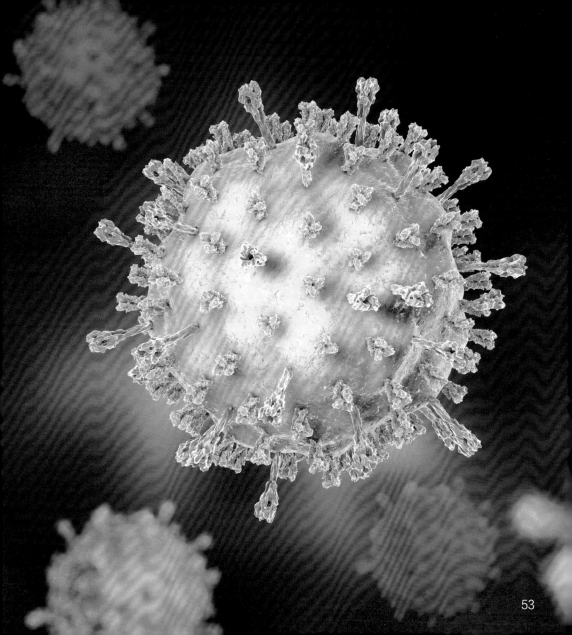

小儿麻痹病毒

小儿麻痹病毒也叫作脊髓灰质炎病毒，是一种严重危害儿童健康的急性传染病毒。这种病毒会损害人体的中枢神经系统，导致肢体出现松弛性麻痹现象，也就是小儿麻痹症。小孩子最容易被这种病毒感染，如果没有得到及时治疗，严重者可导致终生瘫痪，甚至死亡。小儿麻痹病毒主要通过粪口途径快速传播，有时也会通过空气中的飞沫传播。

防护小知识

目前，还没有研制出针对脊髓灰质炎病毒的特效药，只能通过接种脊髓灰质炎疫苗的方式，预防人体被病毒感染。

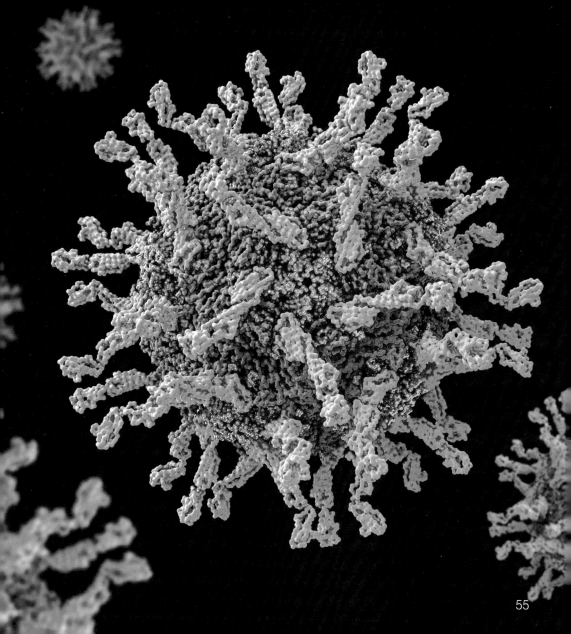

甲型肝炎病毒

甲型肝炎病毒是一种潜伏期很长的病毒，能在人体内潜伏15～45天。这种病毒可以通过患者的粪便传播，也可以通过被病毒污染的食物、物品、水源等传播。被感染者经常出现乏力、尿黄、食欲下降等症状，部分患者会出现黄疸或者肝部肿痛等症状，少数患者会表现为急性甲型肝炎。甲型肝炎可以彻底治愈，一般不会发展为慢性肝炎。

防护小知识

在甲型肝炎流行期间，可以主动接种疫苗预防感染。平时要注意饮食卫生，作息规律，远离疑似患者和隔离患者。

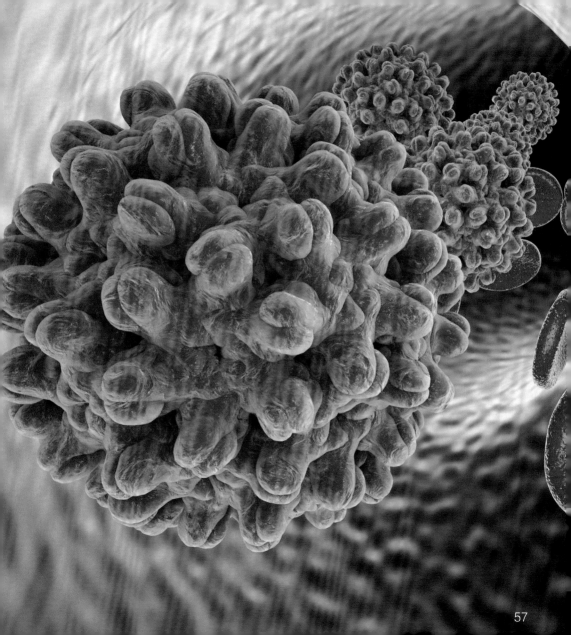

登革热病毒

登革热病毒是一种通过蚊虫传播的病毒，会引起急性虫媒传染病——登革热。这种病毒经常在热带地区出现。当蚊虫叮咬带有病毒的人后，再去叮咬其他人时，便会同时传播病毒。被传染者会出现高热、头痛、皮疹、出血，甚至休克等症状，但是不会通过人体将病毒传染给其他人。大多数患者会被治愈，而重症患者则有可能死亡。

防护小知识

保持室内清洁，改善卫生环境，对容易滋生蚊虫的场所进行消毒。同时坚持锻炼，注意饮食营养均衡，提高自身的抗病能力。

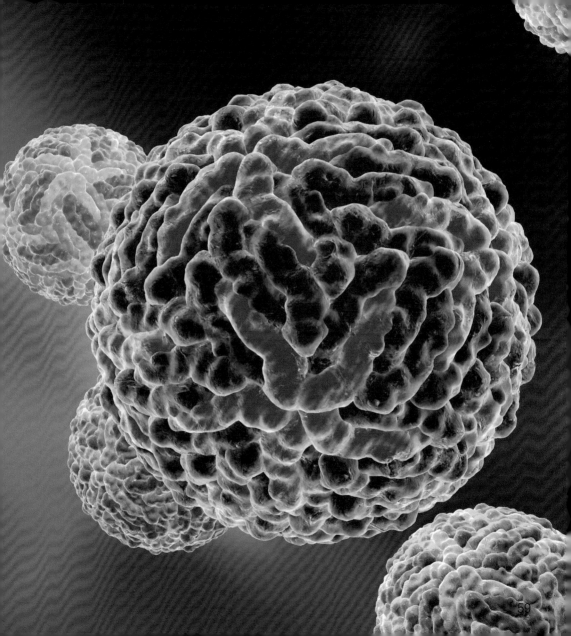

汉坦病毒

汉坦病毒是一种由老鼠传染给人类的病毒，可引发一种致命性传染病。如果携带病毒的老鼠的粪便、尿液、唾液等污染了人类的食物和饮用水，就会将病毒传染给人类。假如人不慎被带有病毒的老鼠咬伤，病毒也会通过血液感染人体。被感染者刚开始会发热、头痛、乏力，初期症状和流感很相似。几天之后，病毒开始发作，会引起呼吸困难甚至休克。

防护小知识

驱除房屋及周边的老鼠，清理周围的垃圾，保持环境清洁。处理被鼠类污染过的环境和物品时，要佩戴手套和口罩，并使用消毒产品。

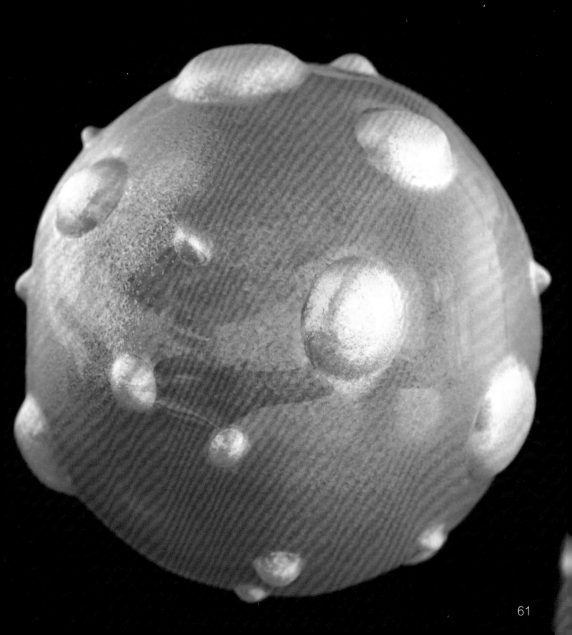

麻疹病毒

麻疹病毒是一种抗冻的病毒，通常在冬、春季节发作。麻疹病毒会引发急性呼吸道传染病——麻疹。病毒主要通过人咳嗽、打喷嚏、说话时喷出的飞沫传播，传染性非常强。易感人群与麻疹病毒感染者密切接触后，大都会被病毒感染。麻疹病毒会引起发热，患者皮肤上还会出现红色的皮疹。重症患者甚至会出现肺炎、心肌炎等严重的并发症。

防护小知识

接种麻疹疫苗是人类目前预防麻疹最有效的方法。此外，还应当注意个人和环境卫生，加强体育锻炼，少去人群密集的场所。

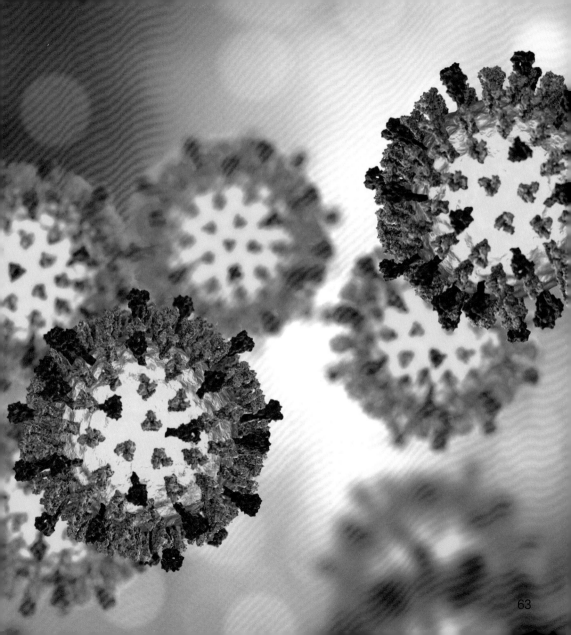

丙型肝炎病毒

丙型肝炎病毒是一种可引起肝脏病变的病毒。被这种病毒感染的人会患上丙型病毒性肝炎，也就是传染性疾病——丙肝。丙型肝炎病毒主要通过输注含有病毒的血液或者血制品传播，被污染的注射针头也会传播病毒。此外，患有丙肝的孕妇会将病毒传染给胎儿；正常人与病毒感染者共用牙刷、剃须刀等私人物品，也有可能感染丙型肝炎病毒。

防护小知识

生病时一定要去正规医院治疗，避免被不干净的注射针头、血制品等物品传染。

流行性乙型脑炎病毒

流行性乙型脑炎病毒简称"乙脑病毒"，是一种能够引起脑部炎症的病毒。每年的夏季和秋季，都是乙脑病毒传播的高发期。这种病毒主要存在于蚊子、猪和野鸟共同生活的环境里，通过携带病毒的蚊虫叮咬人体而广泛传播。病毒会经过血液到达脑部，从而引发炎症。一旦被乙脑病毒感染，便会出现高热、呕吐、意识障碍、呼吸衰竭等症状，非常危险。

防护小知识

预防乙脑病毒的主要措施，就是及时接种乙脑疫苗。此外，还要提高防蚊、灭蚊的意识，避免到蚊虫较多的地方活动。

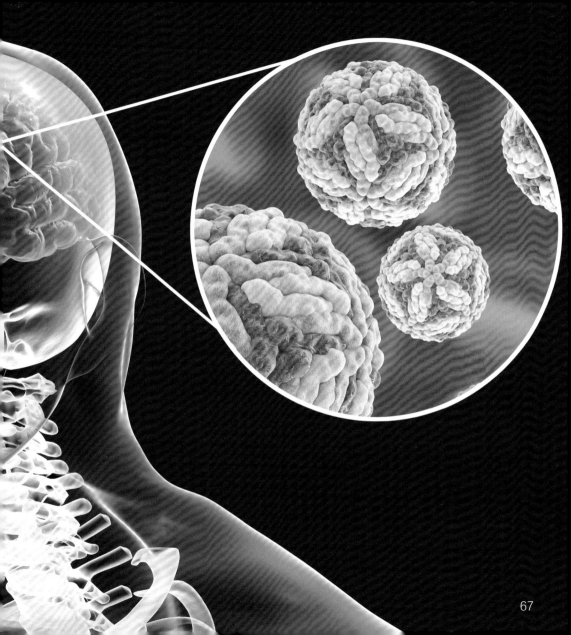

柯萨奇病毒

柯萨奇病毒经常在夏季和秋季流行传播。它主要通过口口传播和粪口传播的方式，经过呼吸道和消化道感染人体。柯萨奇病毒会引起喉炎、气管炎等呼吸道感染疾病，以及脑炎、心肌炎。如果孕妇通过胎盘将柯萨奇病毒传播给胎儿，被病毒感染的新生儿很容易出现心肌炎的症状。一些手足口病患者也与感染这种病毒有关。

防护小知识

加强饮食卫生和个人卫生，避免食用被苍蝇或脏水污染的食物和饮用水。在柯萨奇病毒流行期间，要减少户外活动，外出时应当佩戴口罩和手套。

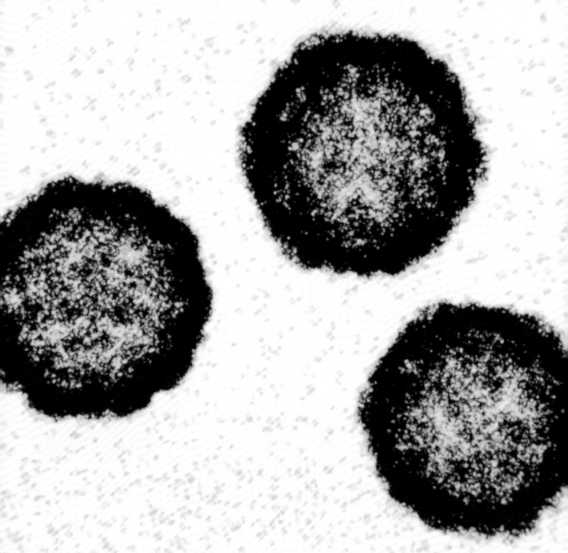

MERS 病毒

MERS病毒的全称是中东呼吸综合征冠状病毒，能够导致人类和动物感染发病，引发中东呼吸综合征。大多数MERS病毒的感染病例都出现在沙特阿拉伯一带，被感染的患者通常会患病毒性呼吸道疾病，严重者还会出现呼吸窘迫综合征和肾衰竭等症状，最后因呼吸障碍而死亡。MERS病毒的传染性不算很强，但患者病死率高。

防护小知识

为了预防MERS病毒感染，要避免前往动物饲养场、生肉制品交易市场等场所。如果不慎出现呼吸道感染症状，要及时去正规医院治疗。

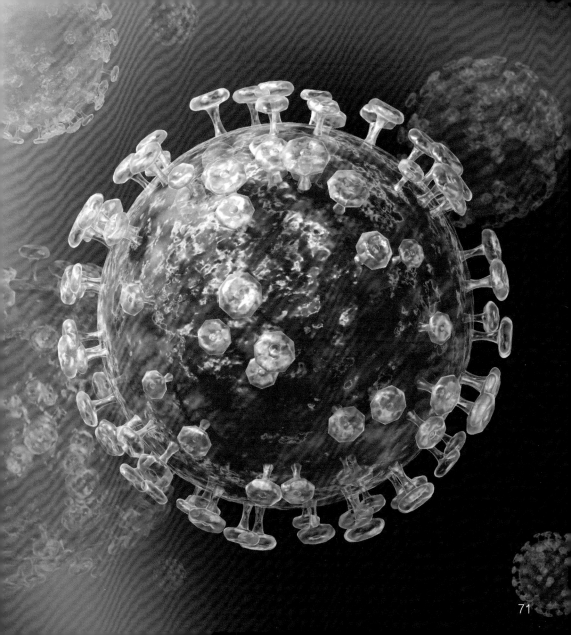

āi bó lā bìng dú
埃博拉病毒

埃博拉病毒源自非洲，是一种非常罕见的烈性传染病病毒。这种病毒能通过血液、粪便、尿液、唾液等进行大面积传播。如果直接接触了患者的皮肤或者黏膜，也会被病毒感染。感染者通常出现高热、头痛、呕吐、腹泻、腹痛等症状，并伴有不同程度的体内或体外出血。随着病毒在体内的扩散，严重者会因出血不止、器官衰竭等症状而死亡。

防护小知识

如果前往非洲国家旅游，要避免与当地灵长类动物和疑似患者接触。一旦被埃博拉病毒感染，要第一时间去正规医院进行抗病毒治疗。

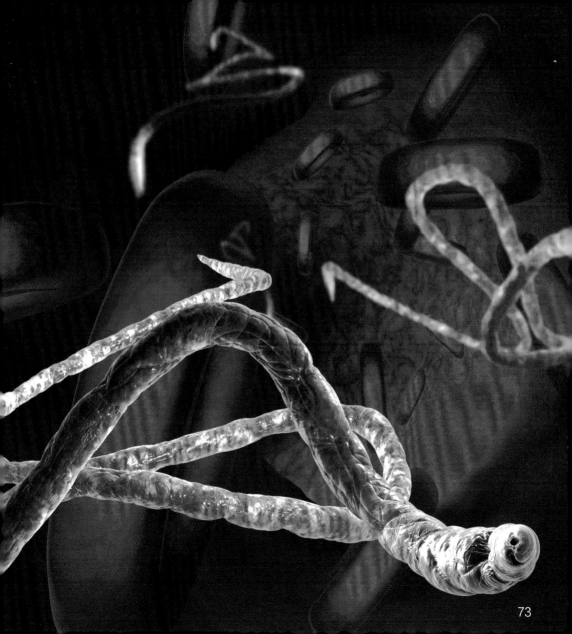

马尔堡病毒

马尔堡病毒是一种可怕的高致命性病毒，主要来自非洲乌干达、肯尼亚等地。人类和其他灵长类动物都可能患病。马尔堡病毒传染性非常强，能够通过血液、唾液等在人与人之间传播。被感染者发病很急，会出现严重的头痛、高热、呕吐、腹泻等症状。许多患者在几天之内便会出现严重出血，最后因人体多个部位出血而死亡。

防护小知识

在马尔堡病毒大面积流行期间，要避免前往疫情地区旅游。外出时，要做好严格的防护措施，避免与被病毒感染的患者接触。

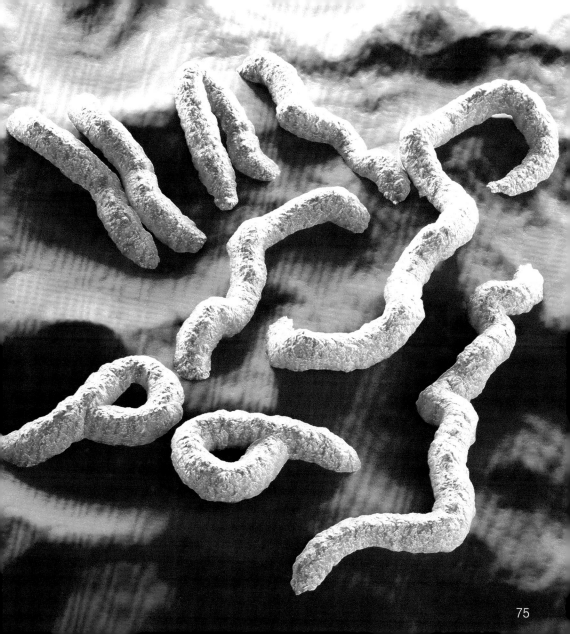

风疹病毒

风疹病毒是一种传染性很强的病毒，主要通过呼吸道飞沫在空气中传播，会引起急性传染病——风疹。春季是风疹的高发季节，儿童很容易感染风疹病毒。一旦感染，患者开始会发热、乏力、轻微咳嗽，随后身上会出现许多淡红色的丘疹。如果孕妇在怀孕初期不幸感染了风疹病毒，容易引起流产或者胎儿畸形、智力发育障碍等问题。

防护小知识

在风疹病毒流行期间，要尽量少去人员密集的场所。外出时要戴上口罩，做好个人防护，避免接触风疹患者。

诺如病毒

诺如病毒是一种能够引起非细菌性急性胃肠炎的病毒，具有较高的传染性，通常在寒冷的冬季大面积爆发。这种病毒主要通过人的呼吸道飞沫、呕吐物，以及受到病毒污染的食物、饮用水、物品等传播，感染对象主要是学龄儿童和成人。被感染者经常出现呕吐、腹泻、恶心、发热等症状。目前，还没有针对这种病毒的疫苗和特效药物。

防护小知识

在诺如病毒传播的高发期，要远离拥挤的人群和空气不流通的地方。平时要多洗手，注意食物和饮用水卫生，不吃变质食物和没有烹饪熟透的食物。

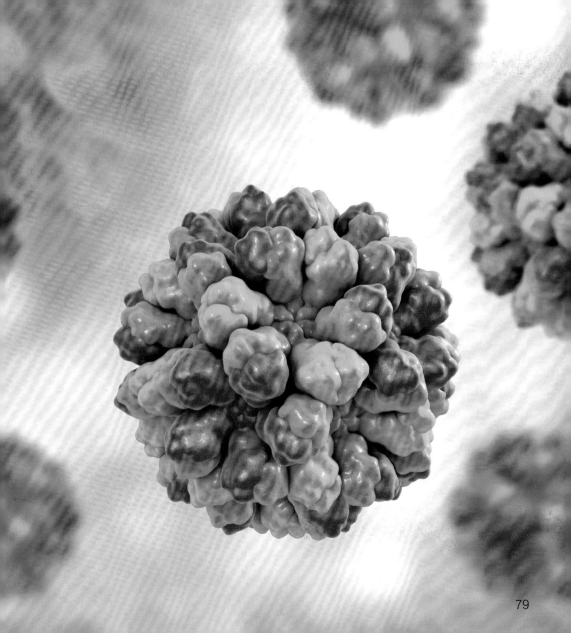

呼吸道合胞病毒

呼吸道合胞病毒是一种能够引起上呼吸道感染的病毒，会引发感冒、毛细支气管炎、小儿病毒性肺炎等疾病。这种病毒主要通过空气中的飞沫和人与人之间的密切接触传播，一般可以在人体内潜伏3~7天。体质较弱的婴幼儿很容易被病毒感染，出现咽痛、流鼻涕、发热、咳嗽等症状。这种病的病势较轻，进行一般隔离治疗即可。

防护小知识

在呼吸道合胞病毒传播的高发季节，要减少外出活动，避免被病毒感染。生活中要多吃一些清淡、有营养的食物，多喝水，多休息，多锻炼身体。

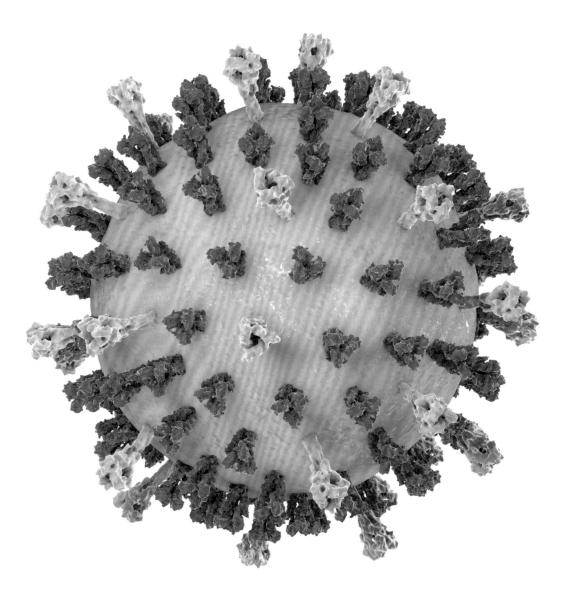

西尼罗病毒

西尼罗病毒是一种具有传染性的病毒，会引发急性发热性疾病——西尼罗热。这种病毒一般在夏季爆发，主要通过受感染蚊子的叮咬传播给人类。大部分感染者是无症状的隐性感染；轻症患者会出现头痛、高热、恶心等症状；重症患者则会出现昏迷、抽搐等症状，易发展为脑膜炎和脑炎，甚至死亡。目前还没有针对该病毒的疫苗和特效药。

防护小知识

给家里安装纱窗，防止蚊虫进入屋内。外出时要穿上长袖、长裤，不要在蚊虫聚集的地方多停留，并随身携带防蚊用品保护自己。

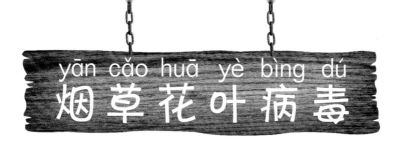

烟草花叶病毒

烟草花叶病毒是一种专门感染植物的病毒，特别是烟草和茄科植物。感染这种病毒后，植物将不能正常生长：叶片会变得黄绿相间、斑斑驳驳，还会扭曲、起皱，变成奇怪的形状。烟草花叶病毒主要通过植物的汁液传播。此外，带有病毒的土壤和肥料同样会造成病毒的大面积传播，就连田地里的蝗虫等昆虫也会传播病毒。

防护小知识

为了预防烟草花叶病毒，人们应尽量选择在寒冷的冬季挖地翻土，降低病毒的存活率。在播种时，要及时剔除带有病毒的烟苗。烟草不与茄科植物混种。

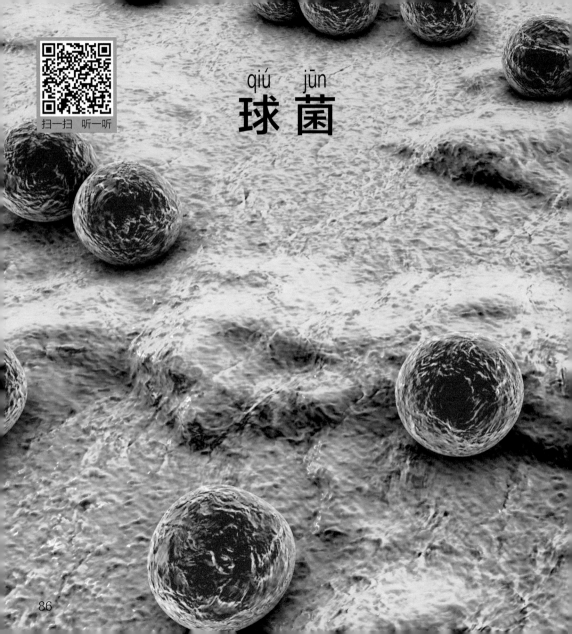

qiú jūn

球菌

细菌是地球上数量最多的一类单细胞微生物。它们有着多种多样的形状，可以通过不同的方式传播。人体中也有许多细菌。

球菌是细菌中的一个大类，形状大多为球形或者接近球形，有的球菌还会呈现肾状。球菌有许多种类，根据球菌繁殖时细胞分裂方向及分裂后细胞排列方式的不同，可以将它们分为双球菌、链球菌、四联球菌、八叠球菌、葡萄球菌等。有的球菌会对人体产生致病性，因而被称为病原性球菌。

肺炎双球菌

肺炎双球菌是一种通常成双排列的球菌，经常通过飞沫在空气中传播，主要寄居在人的鼻咽腔内。大部分肺炎双球菌并不会引起疾病，但是，当人体的免疫力受到损害时，能致病的肺炎双球菌就有可能感染人体，引发肺炎、胸膜炎、中耳炎等疾病。不过，这种细菌很害怕青霉素类、头孢菌素类等抗菌药物。感染后可以被彻底治愈。

防护小知识

预防肺炎双球菌感染，要做到经常开窗通风，保持室内空气新鲜、洁净，还要保证居家环境卫生，减少细菌的污染与传播。

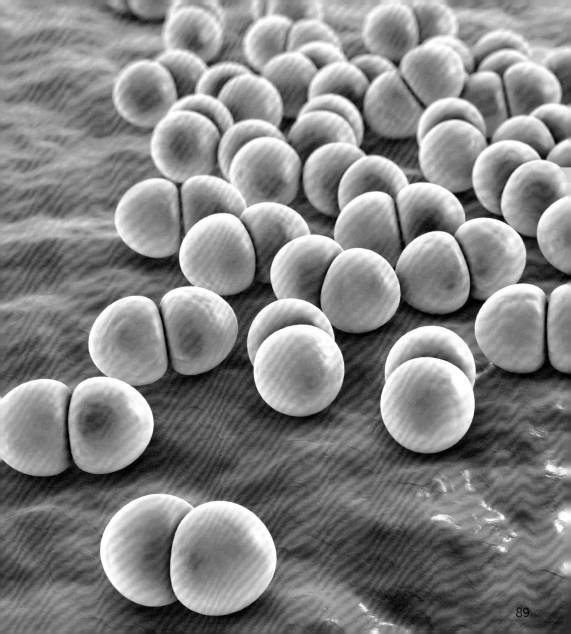

脑膜炎球菌

脑膜炎球菌是一种致病菌，可引发流行性脑脊髓膜炎。它主要通过空气飞沫和直接接触患者呼吸道的分泌物传播，可寄居在人的鼻咽腔中。当人体免疫力下降时，该菌便会从鼻腔侵入血液，大量繁殖并进入脑脊髓膜，引起高热、头痛等症状，甚至导致昏迷。但是，脑膜炎球菌抵御外界环境的能力非常差，阳光照射和干燥的空气都能很快杀灭它。

防护小知识

可以通过注射疫苗达到长期预防脑膜炎球菌的效果。平时要加强体育锻炼，有空儿多去户外晒晒太阳。尽量避免与脑脊髓膜炎患者发生直接接触。

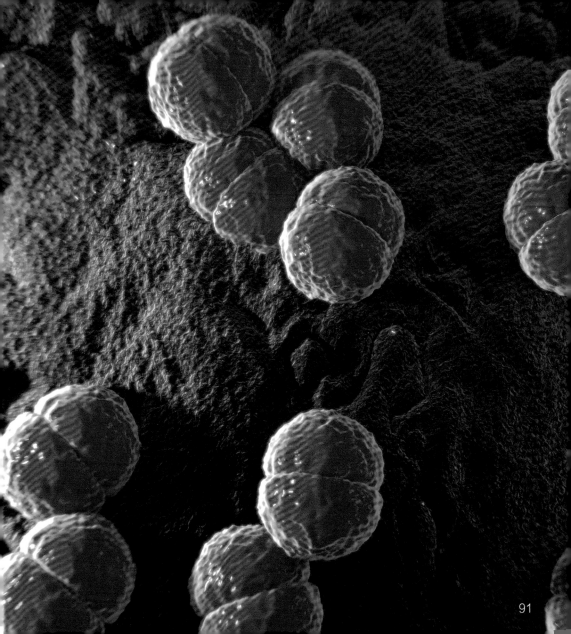

无乳链球菌

无乳链球菌危害性很大，经常存在于奶牛的皮肤和乳房内，可通过挤奶人员手部的直接接触传播。停留在奶牛身上的苍蝇也可能传播细菌。如果孕妇不小心感染了无乳链球菌，该菌会寄生在孕妇的产道。在分娩的时候，这种细菌便会感染新生儿，容易引起新生儿脑膜炎，并且导致产妇出现产后感染、软组织感染、败血症等症状。

防护小知识

保持环境卫生，避免与奶牛等容易感染无乳链球菌的动物直接接触。有条件的情况下，要定期做体检，关注身体健康。

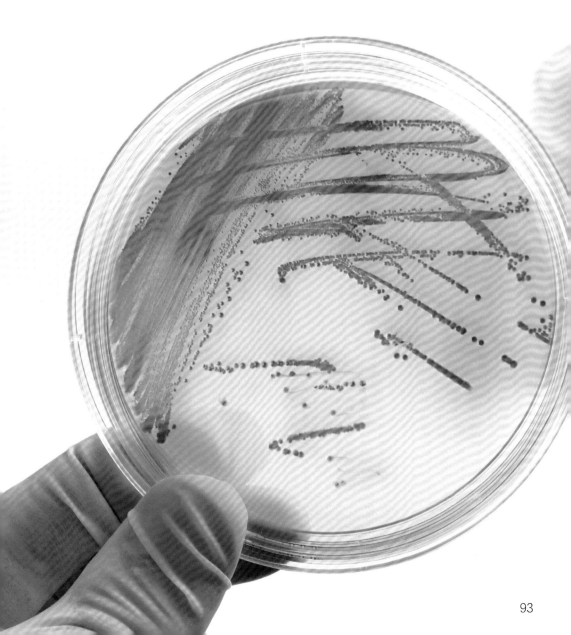

四联球菌

四联球菌是一种微小的球菌，分裂后，每四个细胞会排列在一起，呈现出"田"字形。这种细菌大量聚集在人类和动物的皮肤上，有时也会出现在土壤、水、植物和食品中。它能引起人体皮肤感染，以及肉类、豆制品等食物腐败。一部分四联球菌还会寄居在人的上呼吸道里，当人体的抵抗力降低时，便侵入体内，引起脑膜炎、肺炎、关节炎等疾病。

防护小知识

养成经常洗手的好习惯，主动切断四联球菌的传播途径，防止感染。保证饮食健康，选择新鲜的食物，过期或发霉的食物要及时处理掉。

95

金黄色葡萄球菌

金黄色葡萄球菌是一种感染能力很强的致病细菌。这种细菌无处不在，在空气、污水中，以及人类和动物身上都可以发现它。食品在原材料生产、加工、运输时都可感染金黄色葡萄球菌，吃了被污染的食品就会被感染。金黄色葡萄球菌还可通过人类或动物化脓性的感染部位传播。被感染者会出现发热、腹泻、脓肿等症状，严重者可引发肺炎等疾病。

防护小知识

食品生产加工人员应定期做健康检查，并保证食品加工环境卫生。要养成良好的饮食习惯，不吃变质的食物；还要经常锻炼身体，提高身体免疫力。

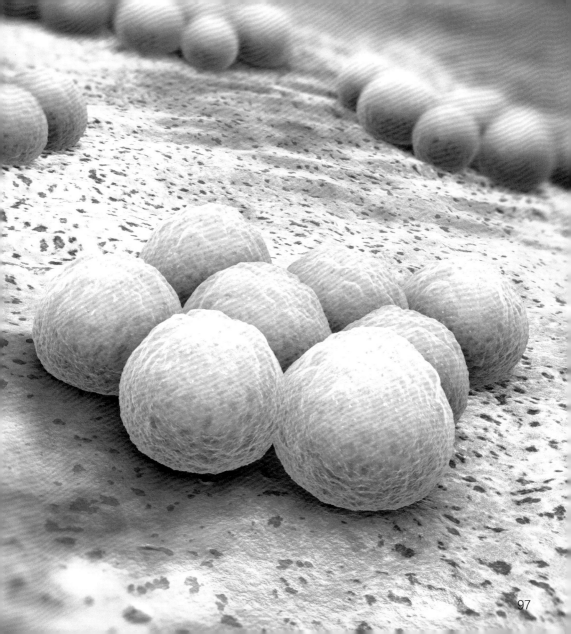

gǎn jūn

杆菌

杆菌也是细菌的一种，形状呈杆状或者近似于杆状。杆菌种类繁多，根据细胞分裂后呈现的形态，可以分为单杆菌、双杆菌、链杆菌、球杆菌等。不过，杆菌的细胞结构并不像球菌那样规范。有时，同一种杆菌会出现好几种不同的形态。人们经常在工业生产中使用杆菌，也会利用杆菌来生产一些治疗疾病的药物。

枯草芽孢杆菌

枯草芽孢杆菌大量分布在土壤和腐败有机物中，其生命力非常强，能够在高温、酸碱等恶劣的环境中生存。这种细菌经常在枯草汁中快速、大量地繁殖，属于多功能微生物，能够用于处理污水、改善水质，还能够改善动物肠道菌群，促进动物的生长发育。它对于植物和农作物中常见的稻瘟病、豆类根腐病、黑斑病等病害，也能起到较好的防治作用。

防护小知识

枯草芽孢杆菌对阳光的照射很敏感，所以最好在17点以后使用它。黑暗、潮湿的夜间环境，更有利于枯草芽孢杆菌的生长和繁殖。

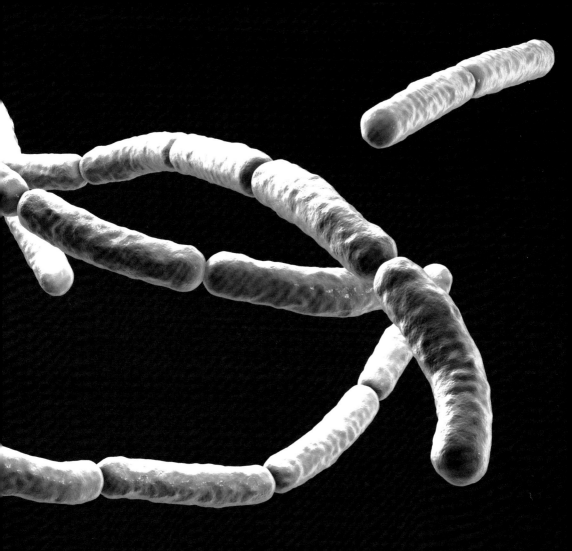

梭状芽胞杆菌

梭状芽胞杆菌分布广泛，种类非常多。它通常寄居在土壤、腐败物及人类和动物的肠道中。大部分细菌可与人类和平共存；少部分细菌具有致病性。当人们误食了腐败的食物、触摸了被细菌污染的物品，或者与被感染者接触后，便可能被致病性梭状芽胞杆菌感染，出现发热、腹泻、胃痛等症状，并引起软组织感染、肠道感染等疾病。

防护小知识

外出回家后、上卫生间后、进食前，都要用流动水和清洁用品彻底清洗双手，保持手部清洁。要入口的食物，确保是卫生且没有变质的。

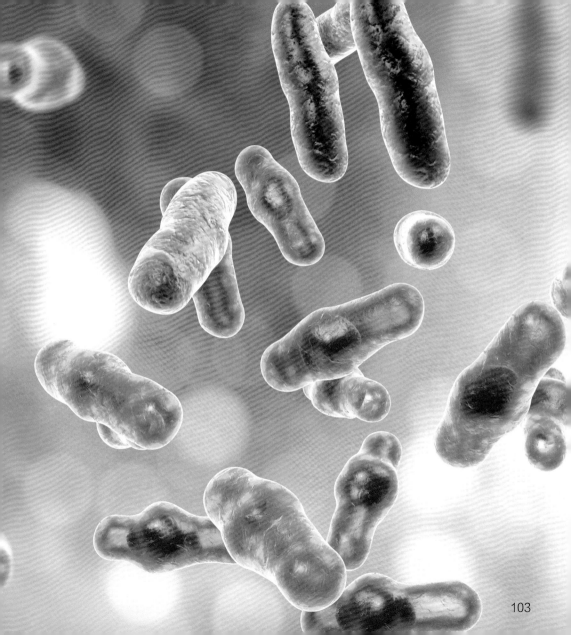

炭疽杆菌

炭疽杆菌是一种致病菌，可引起人类、野生动物和家畜的炭疽病。如果人接触过被该菌污染的土壤和水源，或者在屠宰动物时接触了被炭疽杆菌感染的动物，便会被感染。开始时，被感染者的皮肤会出现小水疱，随后水疱溃烂。如果不及时治疗，细菌就会侵入血液中。如果有人食用了被感染动物的肉，还会出现恶心、腹泻、出血等症状，患上肠炭疽。

防护小知识

养成良好的卫生习惯，不接触、不购买、不食用病死的动物。肉类食材和肉食品要从正规渠道购买，等烹饪熟透后才能食用。

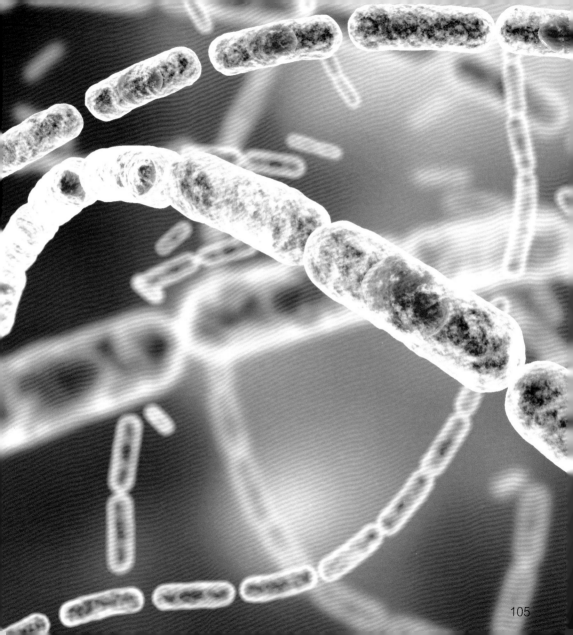

大肠杆菌

大肠杆菌主要寄生在大肠内,是人类和动物肠道中数量最多的一种细菌。大部分大肠杆菌都不会使人生病,但是,少数大肠杆菌却具有致病性。如果它们离开肠道,进入人的胆囊、膀胱、腹腔等部位,便会导致细菌感染,引起这些部位发炎。大肠杆菌主要通过粪口途径传播,食用被致病性大肠杆菌污染的饮用水、食品等,还可能引发大面积的传染病。

防护小知识

保持厨房清洁,及时清理垃圾;从正规渠道购买新鲜的食物,腐烂变质的食物要尽快处理掉;不要吃半生不熟的食物。

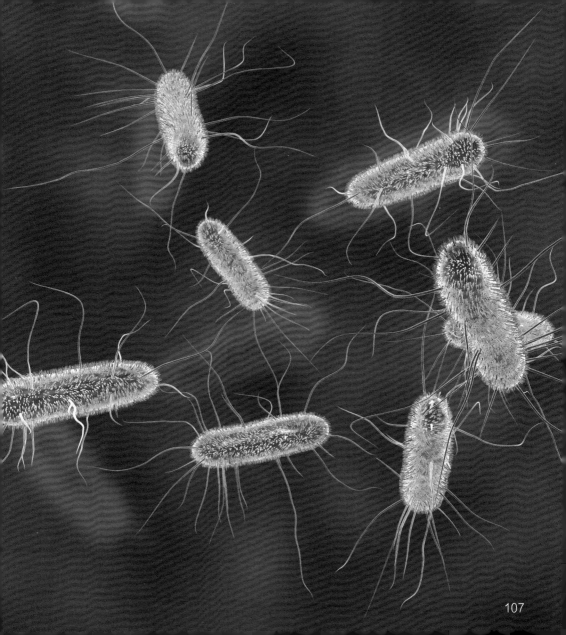

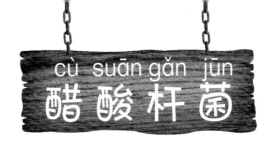

醋酸杆菌

醋酸杆菌是一种对人类有用的细菌。这种细菌外形呈椭圆形或者短杆形，能将酒精和糖类氧化成醋酸。因此，人们经常利用它来酿醋。醋酸杆菌广泛地分布在自然界中，在各类蔬菜、水果的表面和土壤中都能发现它。有趣的是，如果酿酒的时候混入了醋酸杆菌，经过一段时间的发酵，酒就会变成酸溜溜的醋。

防护小知识

醋酸杆菌很怕热，如果将其放置在60℃的高温中，它们很快就会死亡。为了促进醋酸杆菌的繁殖和生长，最好在30~35℃的温度中培养它们。

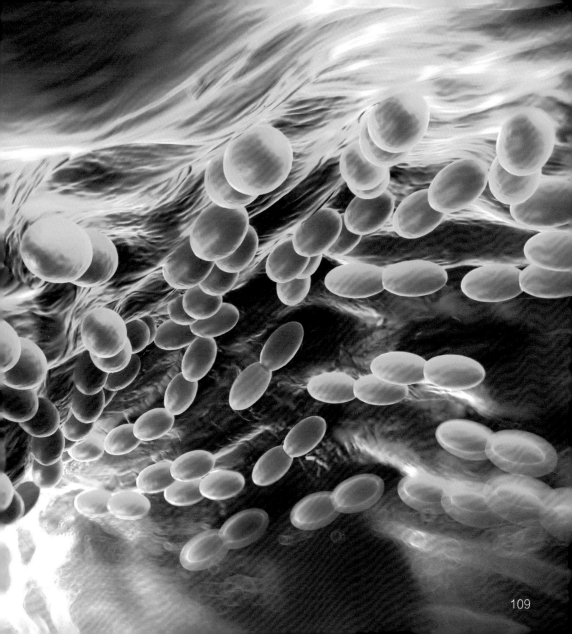

双歧杆菌

双歧杆菌是生活在人类和动物肠道内的一种细菌。双歧杆菌能够提供维生素、氨基酸等人体必需的营养物质，能有效地抑制肠道内有害细菌的繁殖和生长，还可以增强人体的免疫力。新生儿出生几个月后，肠道内便会出现双歧杆菌。这些细菌主要通过母婴之间进行垂直传播。

防护小知识

我们经常食用的酸奶中就含有双歧杆菌，为了不让它们过度发酵或者被其他细菌污染，需要将酸奶进行密封、低温冷藏。

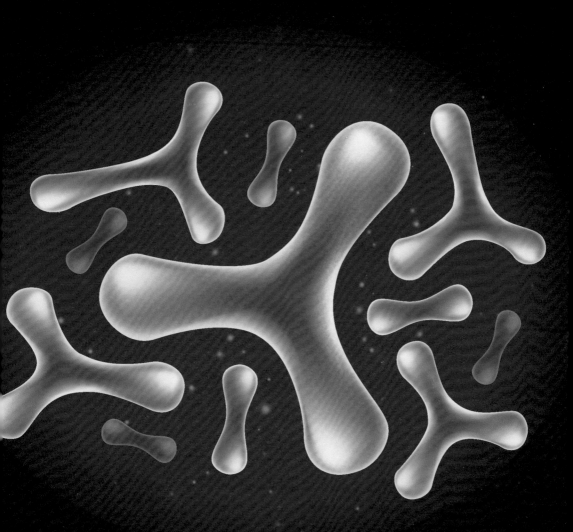

变形杆菌

变形杆菌指的是一群肠道菌。因为它们的大小和形态都不一样，所以叫变形杆菌。这种细菌广泛分布在土壤、水、腐败有机物及人类和动物的肠道里。变形杆菌容易在食物中大量繁殖，人食用了被污染的食物后，细菌便会进入胃肠道，产生一种肠毒素，引起中毒性胃肠炎。由变形杆菌引起的食物中毒多发于夏、秋季节。

防护小知识

为了预防由变形杆菌引起的食物中毒，要注意食物的储藏卫生，防止食物被细菌污染；要食用彻底加热后的食物，发现食物有异样要立即停止食用。

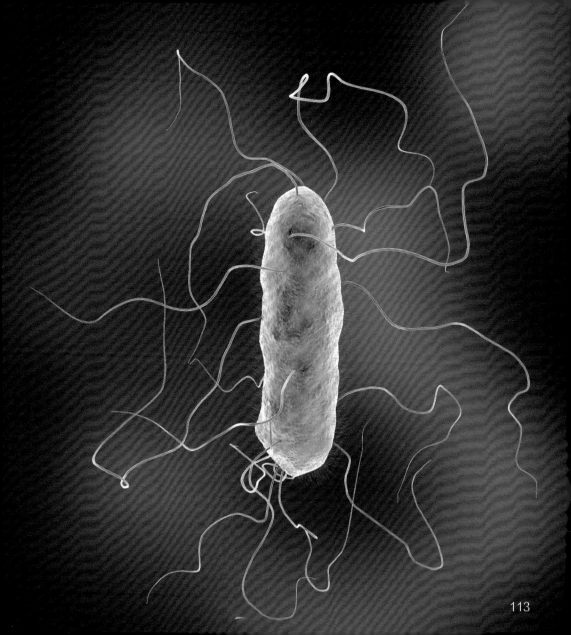

113

鼠疫杆菌

鼠疫杆菌可引起烈性传染病——鼠疫，主要在老鼠、旱獭等啮齿类动物中流行。如果老鼠身上的跳蚤叮咬了人，就会将鼠疫杆菌传播给人。而感染者通过呼吸道喷出的飞沫，也会把该菌传播给其他人。轻症患者会出现高热、头痛、恶心、呕吐等症状；重症患者会出现胸痛、昏迷等症状，甚至死亡。不过，患过鼠疫的人会获得免疫力，很少出现再次感染。

防护小知识

保持生活环境卫生，控制鼠疫的传染源。远离旱獭洞，以防跳蚤叮咬。不接触、不食用病死动物。家中常备消毒用品。

jié hé fēn zhī gǎn jūn
结核分枝杆菌

结核分枝杆菌是引发结核病的一种细菌，主要通过呼吸道传播。如果吸入了结核患者痰液或喷嚏中的细菌，细菌就会侵入人体，在组织细胞内大量繁殖，引起相应器官的结核病，肺结核最常见，被感染者会出现咳嗽咳痰、咯血等症状。有时候，被感染者的皮肤也会在人与人之间传播结核杆菌。

防护小知识

避免与肺结核患者接触，经常锻炼身体，提高自身免疫力。新生儿可以通过接种预防结核病的卡介苗来降低患病的风险。

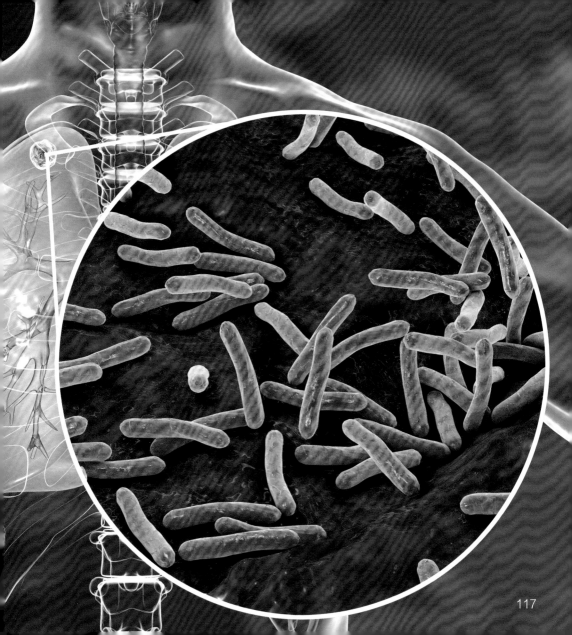

沙门氏菌

　　沙门氏菌是一种肠道杆菌，在土壤、粪便、水和食物中都可以长期生存，人类和动物都可能被感染。它主要通过家禽和肉类产品传播，还会通过被感染者的粪便广泛传播。人吃了被感染的食物后，肠道便会被细菌感染，出现发热、呕吐、腹泻等中毒症状。假如细菌进入人的血液，还会引发败血症、脑膜炎等严重疾病，甚至导致死亡。

防护小知识

　　注意饮食卫生，不吃没有煮熟的食物，被苍蝇沾过的食物和变质的食物应当及时丢弃。吃剩下的食物放进冰箱冷冻保存，彻底加热后才能食用。

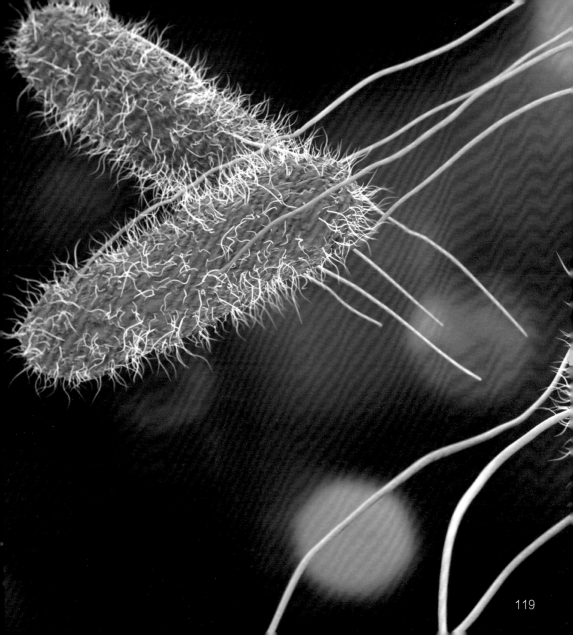

白喉杆菌

白喉杆菌可引发急性呼吸道疾病——白喉，1～5岁的儿童较易感染。该菌能通过飞沫、污染物品或者食物传播，也能通过人与人之间的近距离接触传播。如果直接接触患者用过的碗筷等物品，也可能被感染。该菌会侵入被感染者的上呼吸道，通过分泌白喉毒素引起呼吸道发炎等症状。如果患者病情严重，该菌进入人的气管后，甚至可能引起窒息。

防护小知识

可以通过注射白喉预防针来预防感染。在生活中还要保持口腔清洁，多吃一些营养丰富的食物，增强自身体质。

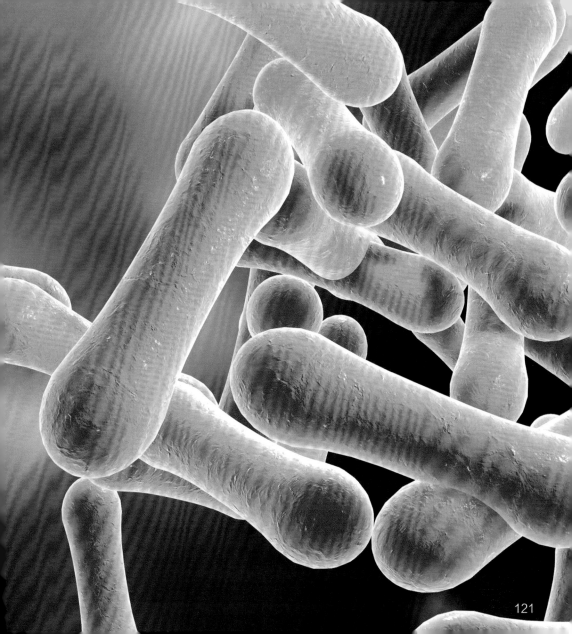

肺炎克雷伯菌

肺炎克雷伯菌就是人们常说的肺炎杆菌，主要通过飞沫或者人与感染者直接接触传播。它们寄生在人的呼吸道和肠道里，当人体免疫力正常的时候，不会引发任何疾病。一旦人体免疫力下降，肺炎杆菌便会通过呼吸道侵入肺部，引起肺炎。患者往往会出现高热、寒战、咳嗽、呼吸困难等症状，部分患者还会意识不清，甚至休克。

防护小知识

保持室内环境卫生，定期打扫房间并消毒通风。同时，要避免与咳嗽人群、肺炎人群直接接触，杜绝被肺炎杆菌感染的可能。

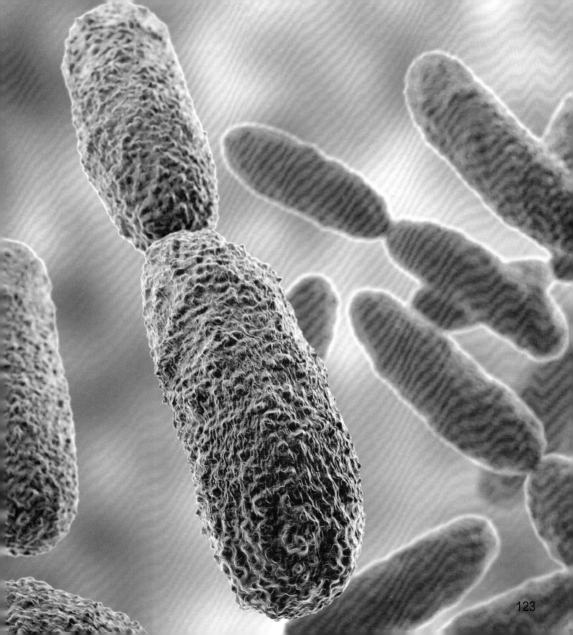

绿脓杆菌

绿脓杆菌是一种分布很广泛的细菌，水、土壤、空气及人的皮肤和肠道中都有它的身影。被它感染后的伤口会出现绿色脓液，所以叫它绿脓杆菌。这种细菌主要通过被人类或动物粪便污染的水源、医院潮湿的地方和物品传播。这种细菌会寄生在人体的潮湿部位，当人体抵抗力下降时，便会引发呼吸道感染、外耳道炎、胃肠炎等疾病。

防护小知识

经常使用流动的水洗手，严禁接触患者的血液、体液和随身物品。必要时，还可以用酒精棉片或者消毒凝胶认真消毒双手。

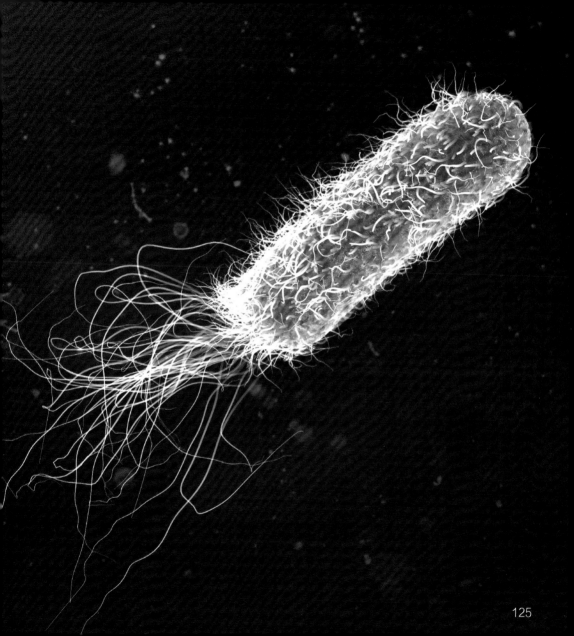

军团菌

军团菌最早流行于军队中，在水中和潮湿的地方都可以发现它们在大量繁殖。军团菌经常隐藏在淋浴器、喷泉或空调制冷装置中，随着散发的水雾和冷风在空气中广泛传播。吸入空气中传播的细菌后，便会被细菌感染，出现发热、上呼吸道感染、肺炎等症状。而那些被军团菌感染的患者咳出的痰液和身体的分泌液，还会再次传播军团菌。

防护小知识

定期清洗空调、淋浴器、热水管道等，一旦发现这些物品被细菌污染，要立即进行消毒处理。多开窗通风，不要长时间待在封闭、潮湿的空间里。

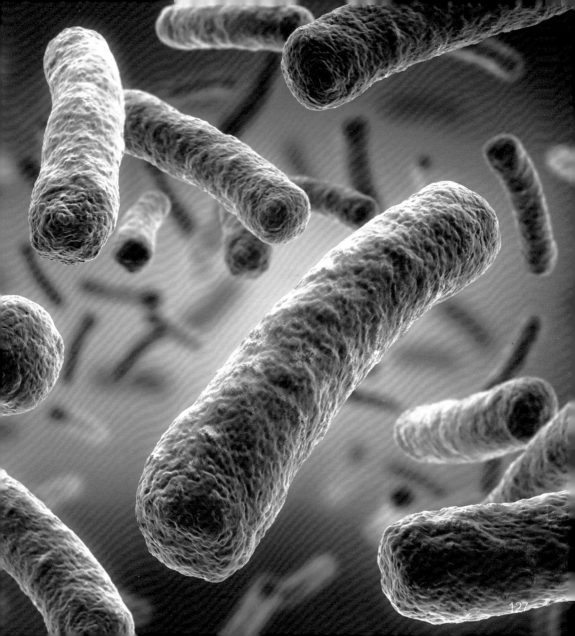

乳酸菌

乳酸菌是自然界中分布非常广泛且对人体有益的细菌，一共有200多种。乳酸菌可以与碳水化合物混合发酵，产生大量的乳酸。在我们经常吃的乳制品等食物中，都含有一定数量的乳酸菌。就连口腔和肠道内，也存在着许多乳酸菌。这些有益菌能抑制有害菌的生长繁殖，调节人体的肠道菌群，改善人体的消化功能，增强人体的免疫能力。

防护小知识

　　乳酸菌是人体必不可少的菌群，能捍卫人体的健康。所以，并不是所有的细菌都是有害的，我们要正确地认识细菌。

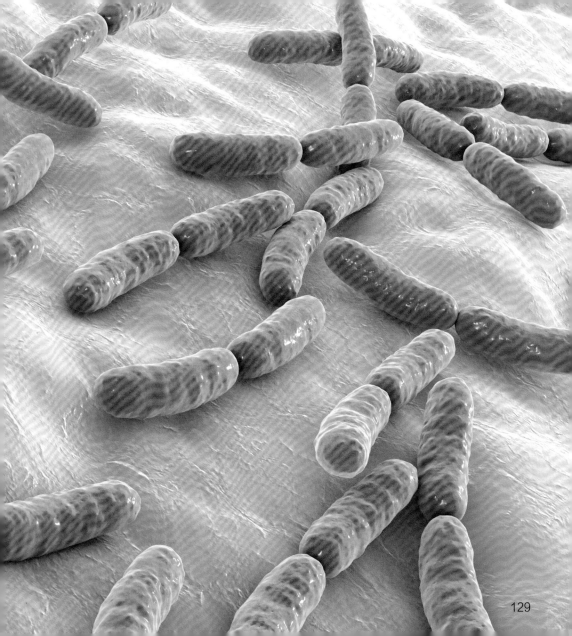

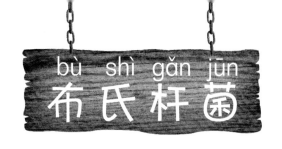

布氏杆菌

布氏杆菌是一种经常感染畜类的细菌，传染性非常强。一旦动物感染了这种细菌，其身上的皮毛、奶液、尿液和粪便等都会携带病菌。如果人类接触了带有该菌的动物，或者食用了带有该菌的肉类和乳制品，就会被感染。布氏杆菌进入人体后，会引起头痛、关节痛等症状。严重的话，这种细菌还会进入血液循环，引起反复发热和菌血症等急性感染症状。

防护小知识

到正规超市购买肉类和乳制品，不购买、不食用有病的畜肉或变质的乳制品。如果与畜类有直接接触，应当及时消毒和洗手。

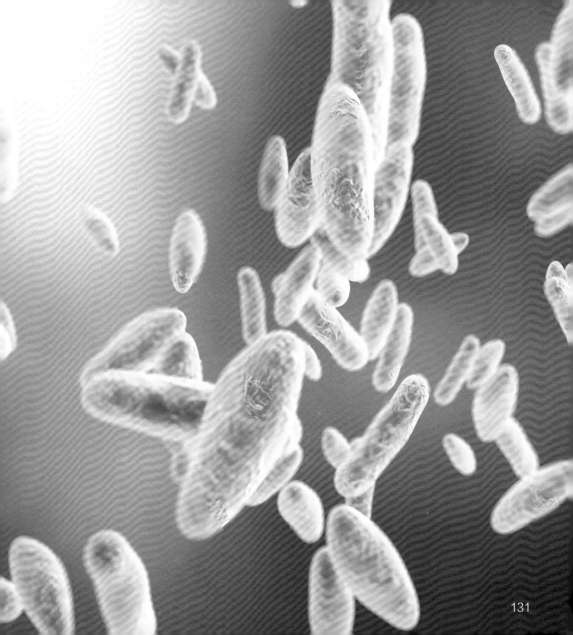

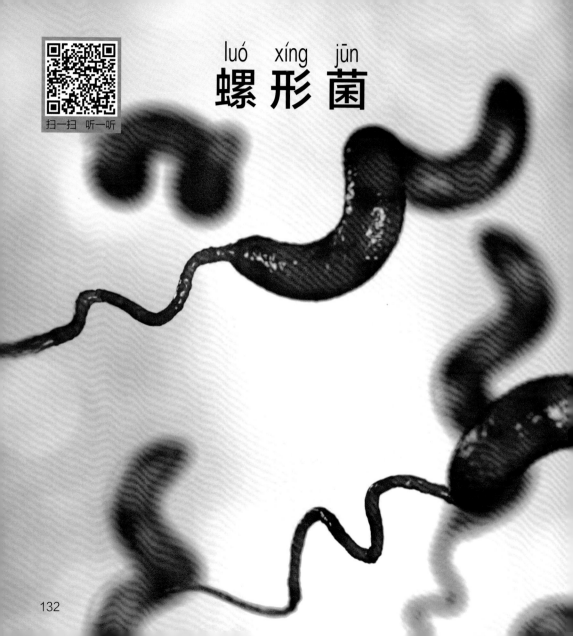

luó xíng jūn

螺形菌

除了圆球形和杆状细菌，还有一些细菌的形状是弯曲的，它们就是螺形菌。根据细菌体弯曲形状的不同，螺形菌可以分为：像香蕉一样弯弯的、呈现出一个弧度的弧菌；如同波浪线一般，弯曲好几次的螺菌；呈螺旋状弯曲的螺杆菌；呈弧形或"S"形的弯曲菌，等等。

霍乱弧菌

霍乱弧菌会引发传染病——霍乱，这种烈性传染病已经在全世界爆发多次。由于人类是霍乱弧菌唯一的易感者，当人吃了被该菌污染的食物，或者喝了被该菌污染的水时，霍乱弧菌便会进入人体，聚集在小肠里，引起肠道感染，甚至引发霍乱。感染霍乱弧菌的患者，会突然出现剧烈的腹泻和呕吐症状，身体严重脱水，重症患者甚至可能死亡。

防护小知识

加强水源管理，保证用水安全。上厕所后认真洗手，还要注意饮食卫生、环境卫生。

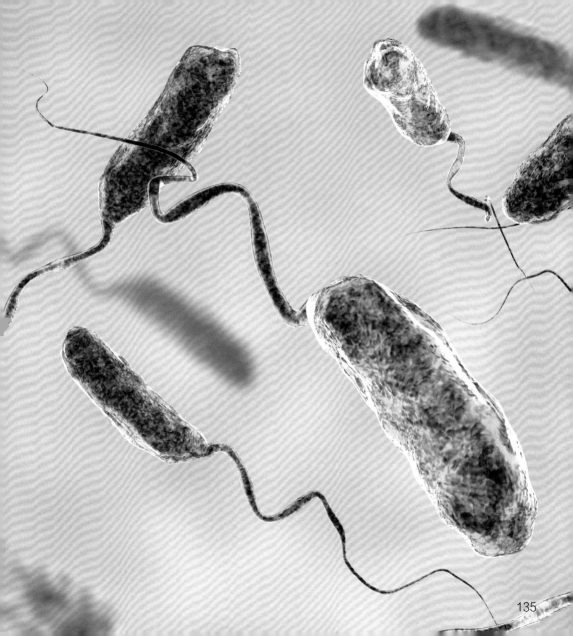

yōu mén luó gǎn jūn
幽门螺杆菌

幽门螺杆菌是目前所知道的、唯一一种能够在人的胃部生存的微生物。这种细菌具有一定的传染性，通常有口口传播和粪口传播两种传播途径，主要是通过食物、唾液等进入人的胃部。一些被感染的人只会有轻微不适，但有些人则会出现肚子疼痛、饱胀等症状，有时还会引起胃炎、胃溃疡等疾病。

防护小知识

饮食不卫生，则很容易感染幽门螺杆菌，平时要少点外卖，少吃路边小吃。外出吃饭时，要使用公筷或者进行分餐，少吃生的食物。

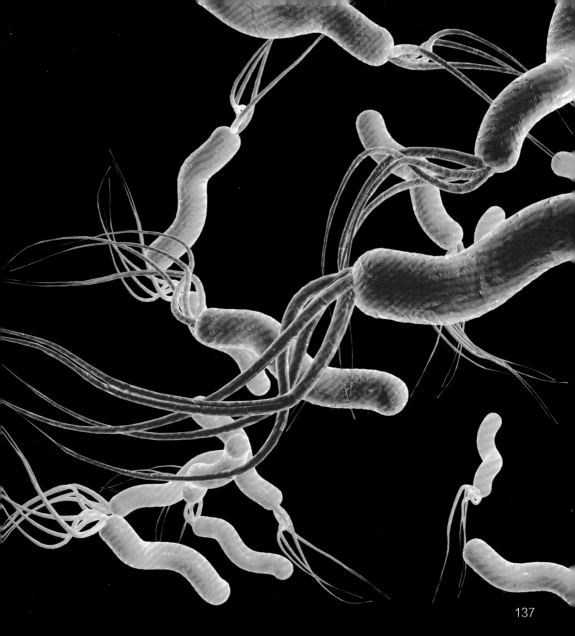

空肠弯曲菌

空肠弯曲菌带有轻微的弧度，广泛分布在各种动物体内，尤其是禽类。市场上的肉类都可能被这种细菌感染。这种细菌还可通过动物的粪便传播，被细菌污染过的水源也是常见的传染源。如果空肠弯曲菌进入人的大肠和小肠，便会引起急性肠炎，患者会出现发热、腹泻、解血便等症状。如果该菌侵入血液，还可能引发器官感染。

防护小知识

夏季是适合空肠弯曲菌生长和繁殖的季节，所以要特别注意夏季的饮食卫生，不要吃没有煮熟的食物，不要喝生水。

1分钟儿童小百科

安全小百科

介于童书 / 编著

U0336696

江苏凤凰科学技术出版社
· 南京 ·

图书在版编目（CIP）数据

安全小百科 / 介于童书编著 . — 南京 : 江苏凤凰
科学技术出版社, 2021.3
（1分钟儿童小百科）
ISBN 978-7-5713-1452-1

Ⅰ . ①安… Ⅱ . ①介… Ⅲ . ①安全教育 – 儿童读物
Ⅳ . ①X956-49

中国版本图书馆 CIP 数据核字 (2020) 第 178219 号

1分钟儿童小百科

安全小百科

编　　　著	介于童书
责 任 编 辑	向晴云
责 任 校 对	杜秋宁
责 任 监 制	方　晨

出 版 发 行	江苏凤凰科学技术出版社
出版社地址	南京市湖南路 1 号 A 楼，邮编：210009
出版社网址	http://www.pspress.cn
印　　　刷	北京博海升彩色印刷有限公司

开　　　本	710 mm × 1 000 mm　1/24
印　　　张	6
字　　　数	18 000
版　　　次	2021年3月第1版
印　　　次	2021年3月第1次印刷

标 准 书 号	ISBN 978-7-5713-1452-1
定　　　价	39.80元（精）

图书如有印装质量问题，可随时向我社出版科调换。

扫一扫 听一听

　　说起这几个场景，小朋友肯定都不陌生：家，我们温暖的港湾；校园，我们学习的主要环境；户外，我们自由活动和游戏的地方。不过，在这些熟悉的场景中，也存在着不少安全隐患，有时候我们经常会碰到各种问题。

　　比如，在家里，如果东西放得太高，够不着怎么办？有陌生人敲门怎么办？比如，在学校，被人欺负了怎么办？课间休息时要注意什么？再比如，出行时，乘坐不同的交通工具时有什么注意事项？在马路上行走的时候应该注意什么？什么样的地方不适合做游戏或长时间逗留？遇到了大型灾难该怎么办？

　　你看，生活中有许多潜在的危险，我们要树立安全意识，了解一些针对危险的防范办法和应对措施。这样，在遇到危险时，才不会手忙脚乱，才能够保护自己。那么，上面那些问题的答案是什么呢？接下来，就让我们在阅读中寻找答案吧！

目录

生活安全小贴士

你会用电吗？ / 8

火可不好玩 / 10

糟糕！我的嗓子！ / 12

不该来的"客人" / 14

这些不是玩具 / 16

急救宝箱 / 18

陌生来客 / 20

网络里的骗子 / 22

不要被网络吃掉 / 24

生命在于运动 / 26

高处危险 / 28

不要疯过头啦！ / 30

一起去郊游！ / 32

游乐场里很刺激 / 34

入口要谨慎 / 36

交朋友 / 38

校园暴力 / 40

不可以碰我！ / 42

奇怪的陌生人 / 44

抓牢家长的手 / 46

可怕的人 / 48

出行守规则 / 50

正确乘坐交通工具 / 52

这些地方要小心

施工请避让 / 56

想去水边玩儿？ / 58

自然冰场 / 60

攀登高峰 / 62

喜怒无常的海洋 / 64

酷热的沙漠 / 66

深不可测的洞穴 / 68

迷失丛林 / 70

植物不可貌相

有毒的美女草 / 74

隐秘"杀手"水仙花 / 76

水毒芹 / 78

美丽的毒药罂粟花 / 80

乌头是药也是毒 / 82

远离海檬果 / 84

蓖麻子 / 86

毒番石榴 / 88

危险的白升麻 / 90

不简单的豆子 / 92

朋友之间要有距离

和宠物相处 / 96

蚊子"刺客" / 98

粘人的蜱虫 / 100

蜜蜂的蜇针 / 102

嘶——嘶—— / 104

暗夜里的蝙蝠 / 106

箭毒蛙 / 108

致命触手 / 110

带刺的海胆 / 112

凶猛的鳄鱼 / 114

"追踪器"鲨鱼 / 116

圆滚滚的国宝 / 118

撕咬专家 / 120

如果遇到了灾害

摇晃的大地 / 124

咆哮的洪水 / 126

疯狂的台风 / 128

雷电袭击 / 130

火山发怒了 / 132

沙尘大盗 / 134

无情的火灾 / 136

瘟疫蔓延 / 138

互动小课堂 / 140

shēng huó ān quán xiǎo tiē shì

生活安全小贴士

6

小朋友们，不论是在家、在学校，还是外出时，我们的生活中都存在许多容易被忽视的危险，但你对这些危险有充足的了解吗？为什么大人都说吃饭时不能说话？为什么妈妈不让我松开她的手乱跑？为什么爸爸叮嘱我回家路上不要和陌生人随便讲话？为什么学校规定同学们不可以打闹？接下来，我们就一起了解这些生活安全小贴士，防患于未然！

你会用电吗？

电灯、电脑、电视、电锅等电器在日常生活中十分常见，我们离不开电带来的便利，但电也是非常危险的。人一旦与电流接触，电流通过人体，会烧伤皮肤和肌肉、韧带等皮下组织，甚至导致心脏和循环系统停止，使人陷入昏迷、死亡状态。水、金属都是电的良导体，它们组合起来更是危险重重。

这样才安全

当手上或脚上有水的时候，一定要完全擦干，再去接触电线、插拔插头、使用电器，等等；一定不能用铁丝、钉子、别针等金属制品去接触、探试电源插座内部。

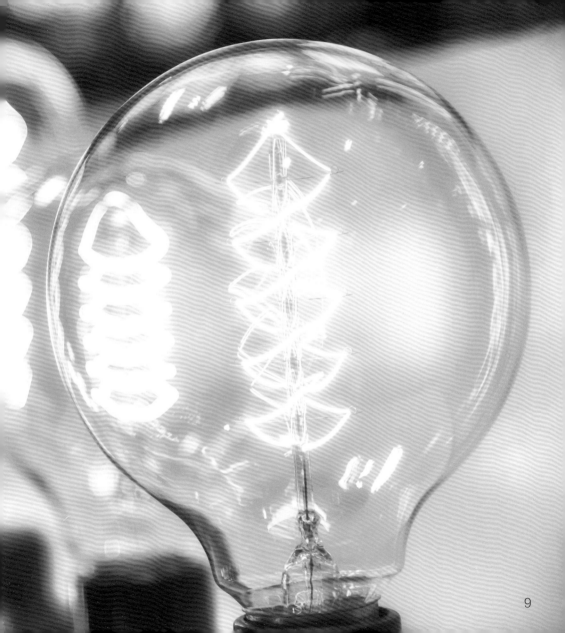

9

火可不好玩
huǒ kě bù hǎo wán

跳动的火焰释放着光和热量，看上去温暖灵动，让人不由得想亲手触摸它。但是忍住，千万不要伸手！火焰的温度一般可以达到几百度，触碰它会导致严重的烫伤、烧伤。而一旦把纸片、木头、酒精等易燃物靠近火焰，这些物品就会迅速被火焰吞噬，甚至还有可能引发大规模的火灾！

这样才安全

在日常生活中，除了注意和火保持适当距离外，还要掌握一些灭火小知识：易燃物品远离火，遇火冷静不慌张，电器着火先断电，油锅着火盖锅盖。

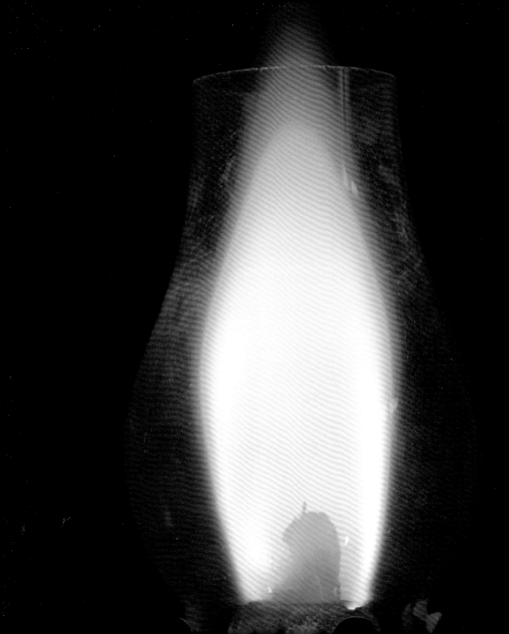

糟糕！我的嗓子！

我们的咽喉深处连着两个小盖子"软口盖"和"喉头盖"，它们通力合作，确保食道和气管正常运转。当我们吃饭的时候，它们堵上气管，让食物进入食道；当我们呼吸、说话的时候，它们则确保气管工作。如果边吃饭、边说话，它们就会忙不过来，切换不畅，容易导致"交通事故"，使食物噎住或进入气管，引起咳嗽，甚至窒息。

这样才安全

古人说"食不言，寝不语"，是很有道理的。吃饭的时候要放慢速度、细嚼慢咽，嘴里有饭菜时尽量不要说话，更不能大声谈笑。

13

不该来的"客人"

当眼睛进了风沙或耳朵里进了异物时，我们会感到非常难受，并做出一些下意识的动作，比如揉眼睛、掏耳朵，等等，但这样做是非常危险的。揉眼睛会导致异物越陷越深，还会擦伤娇嫩的眼角膜；而贸然掏挖耳朵里的异物，则极有可能造成耳内黏膜和鼓膜损伤，损害听力。

这样才安全

眼睛里进入异物时，可以多眨几下眼睛，通过刺激眼睛流眼泪冲出异物。平时也不要频繁地掏挖耳垢，因为耳垢对耳朵有保护作用，在一定程度上可以避免异物入耳。

这些不是玩具

各种各样的工具在为我们的生活提供便捷的同时，也暗藏着不小的安全隐患。比如家中用来裁剪的剪刀，一旦使用不当，就会划伤我们；家中用来打扫卫生的拖把，一旦当作"武器"挥舞打闹，破坏威力也不小呢！更不要说锋利的钉子、刀具……家里的各种工具可不是玩具，大家千万不能拿来玩耍。

这样才安全

文具也不能拿来乱玩。比如，修正液中含有铅、苯、钡等对人体有害的化学物质，使用时应小心，以免大量吸入损害健康；铅笔杆外层的涂料中含有微量重金属，不可以放在嘴里啃咬。

16

急救宝箱
jí jiù bǎo xiāng

生活中，大大小小的意外事件随时会发生，而一个"家庭急救宝箱"则可以更好地保障我们的安全。在这个"急救宝箱"中，有三种物品是必备的：一是常用应急药品，比如碘酒、烫伤药膏、消炎药等；二是常用急救用品，比如绷带、体温计、酒精棉球等；三是常用急救食品，比如矿泉水、饼干等。

这样才安全

准备急救宝箱可不能"一劳永逸"，要记得定期检查，更换其中临近保质期的物品。急救宝箱要放在取用方便的地方，一旦有需要，可以随时使用。

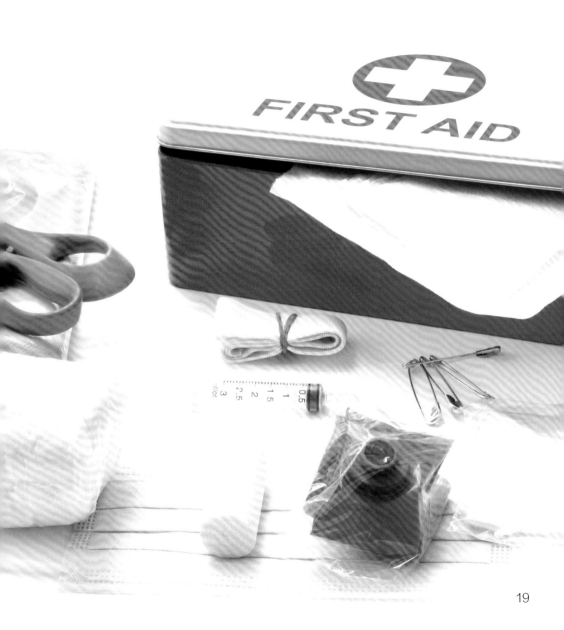

mò shēng lái kè
陌生来客

"叮咚！叮咚！"门铃响了，一个陌生的叔叔站在门外，自称是爸爸妈妈的朋友，应该让他先进来吗？答案是"不可以！"在很多案件中，坏人都喜欢以"我是你爸爸妈妈的好朋友，前来看望""我遇到了一点小意外，需要帮助""我是维修工人"等借口诱骗小朋友开门，一旦让他们进来，极有可能面临被抢劫、绑架的危险！

这样才安全

当独自在家时，要锁好防盗门，如果有陌生人敲门，一定不要随意开门。当对方试图强行进入时，要第一时间拨打报警电话。

网络里的骗子

随着网络支付的普及，网络诈骗也越来越多，不法分子利用网络进行诈骗的手段也越来越"高明"。比如，很多不法分子利用网络病毒入侵我们的计算机，窃取个人信息；还有的会盗取社交帐号、冒充好友借钱；也有很多不法分子通过钓鱼网站诱骗我们登录个人账号，从而盗取信息，进行诈骗。

这样才安全

面对花样百出的网络诈骗，上网时要擦亮眼睛。当遇到好友求助时，要先验证是否是好友本人，不要随意点开陌生的网址链接。必要时，及时向老师、家长求助。

bú yào bèi wǎng luò chī diào
不要被网络吃掉

网络虽好，但也会"吃人"！过度上网游戏极易成瘾，游戏时紧盯屏幕、长时间维持一个姿势非常不利于身体健康，会引发颈椎病、干眼症、腕管综合征等健康问题，并影响正常的人际交往。如果过于沉迷网络以至失去理智，甚至还可能做出违法犯罪的事情，酿成大错。

这样才安全

　　上网"冲浪"时，可以"约法三章"：每天设置合理的上网时长，上网一段时间后及时休息，不浏览不良网站。在自控的同时，还可以邀请爸爸妈妈共同监督。

shēng mìng zài yú yùn dòng
生命在于运动

运动锻炼对身体的好处可真不少！定期的锻炼可以增加心肌的血液供应，极大降低患心脏病的概率。大家不要觉得心脏病离我们很遥远，要知道，心脏病可是发病率较高的疾病！对于小朋友来说，运动还有助于骨骼发育，让我们快快长高；并有利于身体新陈代谢，帮助我们消除疲劳，使我们精力充沛。

这样才安全

运动锻炼虽然对身体有益，但也不能过度，还是要根据个人情况量力而行。锻炼后不宜立即大量饮水、洗冷水澡，以免加重身体负担。

<ruby>高<rt>gāo</rt></ruby><ruby>处<rt>chù</rt></ruby><ruby>危<rt>wēi</rt></ruby><ruby>险<rt>xiǎn</rt></ruby>

我们都知道地心引力——地球本身对地球周围的任何物体都会有引力。如果我们站在高处，一脚踏空，就会重重地摔在地上，轻则受皮肉之苦，重则昏迷、死亡。根据科学家的统计，跌落伤位居少年儿童意外伤害的前三名，尤其是2~7岁的小朋友好奇心旺盛，但平衡能力还不强，最容易因攀高而跌落受伤。

这样才安全

　　小朋友一定不能攀爬登高。同时，尽量远离阳台、窗户，更不要在这些地方探出身子向外看。走楼梯时慢慢走，不要追逐打闹，以防跌落。

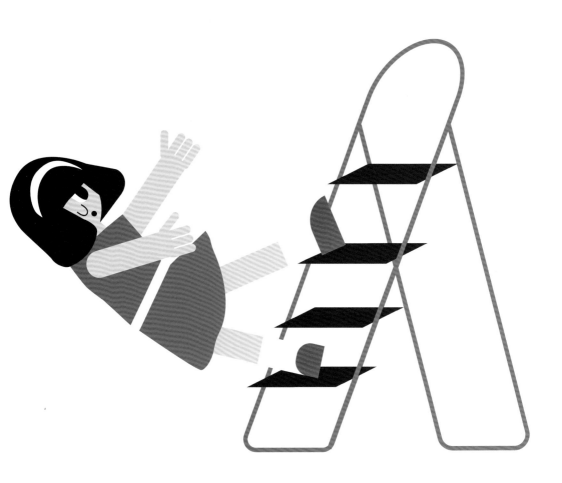

不要疯过头啦！

下课啦！终于到了放松时间。不过，宝贵的课间10分钟也往往是意外事故的多发时段。比如，大家在拿着铅笔、小棒打闹时，可能会伤到自己或同学；再比如，当大家在教室里追逐时，一不留神就会撞到前面的同学或障碍物，一旦撞到课桌角等尖锐物品，后果更是不堪设想。因此，课间玩耍时一定要注意安全。

这样才安全

课间活动玩耍时要适度，不要在教室内追逐打闹，更不要在走廊奔跑，上下楼梯要小心，文明规范不能忘，疯过头可不行！

一起去郊游！

郊游可以让我们贴近自然、欣赏风景，是一种非常好的休闲活动。但在户外环境下，更要注意安全。碰到野果、野菜，千万不要采摘食用，以免误食了有毒的植物。也不要进行爬树、钻洞这样的危险活动，以免被毒虫、毒蛇咬伤。最重要的是，一定要紧跟队伍，不要单独行动，以免迷路或走失。

这样才安全

郊游时记得随身携带一个小小的"急救箱"，放一些必要的医药用品，比如创可贴、消毒棉等，以防万一。在郊游结束后，记得收拾好垃圾哟。

33

游乐场里很刺激

海盗船、摩天轮、过山车……游乐场里真是太好玩啦！但小朋友们，游乐场虽好玩，却也有安全隐患。这些琳琅满目的游玩项目中，很多速度快、离地高，虽然游乐设备本身已经设计得比较完善，但一旦疏忽，还是很容易酿成危险，玩的时候要多加注意。而且，游乐场人流量大，十分拥挤，很容易和爸爸妈妈走散，一定要紧跟父母！

这样才安全

在游乐场游玩时，要根据个人状况选择合适的项目，并严格遵守安全规范，系好安全带，手抓牢、脚蹬稳、注意力集中，不要随意乱动。

入口要谨慎

rù kǒu yào jǐn shèn

我们常说"病从口入",在日常生活中,我们尤其要注意食品安全。很多无良商家会用质量极差、极不卫生的"地沟油"加工食物,并添加各种有害人体的添加剂,这种食物既不健康,更不安全。有时候,我们也难免吃到剩饭剩菜或生吃的食品,如果没有彻底加热、清洗干净,很容易食物中毒。

这样才安全

在购买食物前,一定要查看保质期和是否有"QS"标志。另外,小摊上的食物虽然诱人,但安全卫生很难保障,所以要尽量在正规的商家购买食物。

交朋友

友情是每个人都渴望拥有的，而每个朋友都是我们自己选择的，会走进我们的生活，可能陪伴我们一生。所以，交朋友时练就一双明辨是非的慧眼十分重要。尤其是当下，网络交友十分流行，但网络的虚拟性也给不少心怀不轨的人提供了可乘之机，许多沉迷于网上交友的青少年往往上当受骗，甚至遇害。

这样才安全

交朋友要基于一定的了解，对待朋友要真诚，但也要保持合适的距离。在网络交友时，不要轻易透露个人隐私信息，在与网友见面时，尽量请爸爸妈妈陪同，并选择人流量大的公共场所。

校园暴力

和谐的校园里偶尔也会有不和谐：欺凌弱小、言语羞辱、敲诈勒索……这些侵害行为都是校园暴力。对受害者来说，校园暴力会造成严重的心理伤害，导致抑郁、失眠等症状，并留下难以愈合的创伤；而对施暴者来说，校园暴力是一种违法行为，即使未成年，也要承担相应的法律责任。

这样才安全

遇到校园暴力事件时，在保证自身安全的情况下，可以大声呼救，并在事后向老师和家长申诉报告，绝不纵容施暴者。当然，我们自己也不可以欺负别的同学。

41

不可以碰我！

生活中我们会与家人朋友有一些身体接触，比如拍手、拥抱。但有一些身体接触是不合理的，会让人很不舒服。比如他人对我们的胸部、下体等隐私部位有意地肢体触碰和长时间地盯视，还有一些带有暗示意味的、骚扰性的话语和动作也是不合理的。这些"性骚扰"都是对我们的身心健康和正常权益的侵犯。

这样才安全

首先要正确学习性别知识，当我们遭遇"性骚扰"时，要坚决抵制，明确自己的态度。之后，要告诉爸爸妈妈，必要时报警，维护自己的权益，绝不沉默。

奇怪的陌生人

qí guài de mò shēng rén

在路上，或许会有奇怪的陌生人以各种借口搭讪我们，并拿出好吃的、好玩的礼物要送给我们，但是礼物可能暗藏危险！陌生人动机不明，他送的礼物或许会有危害我们安全的东西；而且，有一些坏人专门利用小朋友的单纯、同情心做坏事，比如诱骗、拐卖儿童等，大家一定要小心提防。

这样才安全

当有陌生人搭讪、以礼物诱惑时，我们可以先礼貌拒绝，不要让他触碰到我们，并向人多的地方跑。如果对方穷追不舍，要大声呼救，并拨打报警电话。

抓牢家长的手

公共场所人来人往，十分拥挤，一不小心，就很容易和爸爸妈妈走散，从而迷路。而且，小朋友们的自我保护能力又很弱，辨别能力差，如果正巧周围有心怀不轨的坏人，恐怕很难避免被诱拐、绑架等危险，进而受到伤害。所以在人流密集的公共场合，一定要抓牢爸爸妈妈的手。

这样才安全

一旦和爸爸妈妈走丢，不要慌乱，要站在原地，等爸爸妈妈回来寻找。如果爸爸妈妈长时间没有回来，就要向警察、保安等穿制服的工作人员求助。

可怕的人
kě pà de rén

虽然我们生活在安定、繁荣的和平年代，但恐怖袭击、暴力事件依然存在。对很多袭击者来说，他们的目的就是制造恐慌，并且最大限度地伤害公众。所以，恐怖分子会采取枪击、刀斧砍击等多种袭击方式，无所不用其极。而一旦遭遇这种突发的社会暴力事件，我们必须冷静下来，并抓住时机逃生。

这样才安全

当遭遇枪击、刀斧砍击等暴力事件时，要立刻远离事发现场，寻找建筑物、车体等隐蔽物隐藏好自己，避免引起袭击者的注意，并及时报警。

出行守规则

随着生活水平的提高，马路上的车辆越来越多，而交通事故也越来越多。交通事故危害巨大，往往能在瞬间夺走一个人的生命。据统计，自从2000年以来，我国每年都有数万人死于交通事故。如果我们每个人都能把交通规则牢记心间，就可以避免很多悲剧发生。珍爱生命就要规范出行！

这样才安全

过马路时，一定要走斑马线、看信号灯，根据交通标识的指示行走，并且时刻警惕道路两旁的来往车辆，不打闹嬉戏。

51

正确乘坐交通工具

日常生活中，汽车、飞机、轮船等交通工具大大方便了我们的生活，而在乘坐交通工具时，我们也要遵守规范，安全出行。在乘坐汽车时，不能将身体探出车外，以免在车辆并行、超车时受伤，也不要在车内吃东西，更不要在车内追逐打闹。而在乘坐飞机、轮船时，则要认真听好出发前的安全提醒，并努力遵守。

这样才安全

小朋友们都要牢记：系好安全带！有资料显示，乘坐交通工具时，如果系好安全带，在事故发生时，乘客死亡率可以下降至少一半！

AIRPORT

53

这些地方要小心

zhè xiē dì fāng yào xiǎo xīn

扫一扫 听一听

工地、河边、冰场、树林……在林立的高楼、一道道防盗安全门之外，原来有这么多好玩的地方！洞穴探险、沙漠寻宝、游泳滑冰，确实是刺激有趣的游戏，也能开拓眼界、锻炼体魄、磨砺心性。可是这些不一样的"游戏场所"，也隐藏着容易被我们忽略的安全隐患呢！

施工请避让

shī gōng qǐng bì ràng

建筑工地是让城市面貌焕然一新的"魔法师"，但是，这里可不安全。施工中的建筑物随时都有可能掉下东西砸伤我们；施工现场的地面上有许多带有铁钉的木板、锋利的钢筋，可能会扎伤我们；工地空气中的粉尘会伤害我们的呼吸系统，光芒强烈的电焊火花还会伤害我们的眼睛。因此，遇到施工工地请尽量绕行。

这样才安全

一般的施工现场都会设置界限标志，小朋友们不要因贪玩穿越标志跑到工地里，更不要在建筑工地玩耍或逗留。如果不得不从建筑工地中通过，要记得戴好安全帽哟！

想去水边玩儿？

炎热的夏天到了，清凉的水边成了大家游玩的首选，不过玩水可要警惕溺水风险。溺水后，大量冷水会灌入肺部，刺激人体，造成缺氧和窒息，同时极易引起肺炎、心力衰竭等威胁生命的并发症，而且一旦溺水，5~6分钟就会导致死亡。根据统计，在青少年各种意外事故中，排名第一的就是溺水事故。

这样才安全

在戏水时，我们要尽量远离可能存在危险的地方，不轻易下水游泳。而遇到溺水者，未成年的小朋友不宜直接下水救人，要立刻报警、求助，在岸上用长木杆等搭救溺水者。

自然冰场

冬天气温下降，水面结冰，很多小朋友喜欢在光滑的冰面上玩耍。但是，有的冰面看上去结实，实际上却没有完全冻住，很容易破裂，导致我们掉进冰窟。冰窟中冰冷的水会侵袭我们的身体，不出几分钟，我们的肌肉就会被冻得麻木无力，此时，就会面临冻伤和溺水的双重危险！

这样才安全

如果想要体验冰面滑行的快乐，一定要在大人的陪同下，到专用滑冰场所玩耍。如果掉进冰窟窿，要保持镇定、大声呼救，并尽力爬上冰面、积极自救。

61

攀登高峰
pān dēng gāo fēng

"会当凌绝顶，一览众山小"，登山是最能激发人豪情的运动，但与豪情相伴的也有危险！在登山过程中，我们有可能遭遇从山体上方滚落下来的石块，也有可能在大雾中迷失攀登的方向，或者在气温的急剧变化中冻伤、失温，还有可能遭遇蛇类、昆虫等动物的袭击，以及塌方、滑倒、跌落等一系列危险。

这样才安全

登山前要准备好必要物资，进行充分热身并了解清楚山形地势和天气变化的情况，选择安全的登山路线，要有成人陪同，一定不要攀登未经开发的"野山"！

喜怒无常的海洋

海洋的总面积约为3.6亿平方千米，占地球表面积的71%，是地球上最广阔的水体，也是矿物资源的聚宝盆、海洋生物的大家园。但是，海洋阴晴不定，上一秒还是晴空万里，下一秒就可能电闪雷鸣。在海上很可能会遇到可怕的暴风雨、咆哮的巨浪、坚硬的冰山、游出海面透气的鲸鱼，这些足以把大型轮船掀翻或是撞沉。

这样才安全

如果遭遇海难，要尽可能抓住有浮力的东西，并尽量放松，不要剧烈挣扎。如有可能，尽可能多人凑在一起等待救援，以保存体温、增大救援目标。

65

酷热的沙漠

沙漠的地面完全被沙所覆盖，这里气候干燥、雨水稀少，南美洲的阿塔卡马沙漠甚至保持过400年没有降雨的世界纪录。沙漠地带的气温也很极端，中午地表温度可以达到60～80℃，而夜间则降至10℃以下，在我国靠近沙漠的新疆地区，大家都用"早穿棉袄午穿纱"来形容这种气温变化。

这样才安全

在沙漠酷热的环境下，如果没有水，即使是最强壮的人，也坚持不到72个小时，如果小朋友们要到沙漠旅游观光，要记得准备好充足的水和食物，并做好防晒保护！

深不可测的洞穴

与其他常见环境不同，洞穴相对封闭，而且常年处于潮湿、黑暗的状态，这导致洞穴内充满重重危险。洞穴深度过深，空气流通不畅，人进去后会缺氧窒息；洞穴潮湿黑暗的环境也为各种真菌提供了生长的温床，如果在洞穴内受伤，稍有不慎就会引起感染发炎。此外，洞穴探险还会遭遇岩石滑落的危险。

这样才安全

在野外发现未知的洞穴时，一定不要贸然进入。如果渴望刺激的洞穴探险，务必在专业人士的陪同下进行，并做好洞穴氧气探测、有毒生物预防等准备工作。

迷失丛林

各种各样的树木和植物是丛林中的主角，它们枝繁叶茂、树冠高密，走在丛林之中，经常会因树木遮蔽，看不到日月星辰。丛林中的树木杂乱无章，乍看上去也很难辨别各处的不同。丛林的深处往往"无路可走"，需要自己开辟道路。因此，人很容易在丛林里失去方向感和位置感，并迷失其中。

这样才安全

如果在丛林中迷路，最好就地呼救，不要到处乱跑，以免增大救援队搜寻的难度；如果呼救无效，可以沿一个方向走一段路再呼救，但沿途要记得做好标记。

zhí wù bù kě mào xiàng

植物不可貌相

扫一扫　听一听

植物是菜、是药，但也可能是毒，千万别小瞧了植物王国里形形色色的成员们！一棵树会流出有毒的汁液，一片叶子会引发中毒和过敏，一颗种子能让心脏停跳……植物们可爱美丽，但也十分危险！下面，请小朋友们保持好奇和警醒，开始对植物的阅"毒"之旅！

有毒的美女草

颠茄是一种原产于欧洲的植物，又叫野山茄、美女草。颠茄的花样子像一口小钟，有着美丽的外表。果实是黑色的小浆果，虽然看上去十分诱人，但这种黑色浆果中含有多种生物碱致命毒素，可不能乱吃。吃了颠茄的果实会导致视力模糊、呼吸困难、头痛以及抽搐。两个浆果就足以让一个小孩子丧命，10~20个浆果足以毒死一个成年人！

这样才安全

颠茄的全身都有毒，仅仅接触，都会引起皮肤生脓包。虽然我们国家引进的颠茄一般种植在管理严格的药场，但小朋友们在野外也不要大意，即使遇到诱人的果子也不要随便吃哦！

75

隐秘"杀手"水仙花

洁白的水仙花看上去圣洁、美丽，许多人都喜欢在家中摆上一盆。不过，水仙花可是有毒的！水仙花的鳞茎中含有毒素，一旦误食，会引起呕吐等症状，甚至导致昏厥，带来生命危险。不仅如此，水仙叶子和花的汁液还会引起皮肤过敏，而如果汁液不小心进入眼睛，则会导致眼睛发痒、视线模糊。

这样才安全

水仙花虽好看，但也不能随意采摘，尤其要防止入口、入眼、接触皮肤，小朋友们一定要和它保持适当的距离。不过，与水仙花接触时间短暂、适量接触毒害不大，大家对水仙花不必"谈虎色变"。

水毒芹
shuǐ dú qín

在北美地区的河道、沼泽和草地上，生长着美丽的水毒芹，它亭亭玉立，开满白色的小花朵，犹如一位美丽的少女。但是，千万别被它这美好的外表蒙骗，它可是北美地区毒性最强的植物之一！水毒芹含有巨量的水毒芹素，一旦误食，这种毒素会迅速破坏中枢神经系统，并导致恶心、呕吐和抽搐。只要咬一两口，就可能吃到水毒芹素的致死剂量！

这样才安全

水毒芹的外表和胡萝卜、防风草相似，也很容易被误认为是"野芹菜"，在野外活动时，即使看到样子熟悉的植物，也千万不要贸然采摘、食用！

美丽的毒药罂粟花

罂粟花婀娜轻柔、颜色艳丽，是深受欢迎的庭园观赏植物。但罂粟美丽的外表下隐藏着毒品的种子。用刀划开罂粟果实后，果实会流出一种含有麻醉成分的乳白色汁液，这种汁液是毒品的原材料。毒品会让人产生幻觉、吸食成瘾，并大大伤害人的身体，久而久之，吸毒者就会因此丧命。

这样才安全

　　毒品严重危害人类健康、造成社会混乱，是全人类的公敌，因此，现在世界各地都严令禁止随意种植罂粟。小朋友们也一定要牢记，毒品绝对碰不得！

乌头是药也是毒

乌头是一味重要的中药，中医认为，它能够祛除人体内的寒气，并且止痛，适用于风湿等病症的治疗。不过，乌头中含有"乌头碱"，毒性十分强烈。如果随意服用，它就会麻痹人体神经，令人产生呕吐、窒息的症状，甚至导致死亡；而如果在不经意间弄到皮肤上，则会引起麻木、刺痛，甚至引发心脏病。看来，乌头是药也是毒呀！

这样才安全

如果要接触乌头，一定要记得戴好手套、做好防护！如果误食乌头，要及时进行催吐，然后赶快赶往医院，进行洗胃治疗。

远离海檬果

海檬果又叫"海芒果"，是海檬树结出的果实，它含有一种叫"海檬果毒素"的剧毒物质，一旦内服，会使人出现恶心、呕吐、腹泻、呼吸困难等症状，还会使人的心脏停止跳动，与心脏病发作的表现十分接近，所以大家都说海檬果"杀人于无形"。

这样才安全

海檬果的形状十分有欺骗性，它通身绿色、看起来像小芒果一样，所以第一次见到且不了解它的人经常会误食它。如果在野外看到类似芒果的绿色果子，大家可千万不要"贪嘴"！

bì má zǐ 蓖麻子

蓖麻子是蓖麻的种子，我们生活中常见的蓖麻油就是从中提取的。但小朋友们可能想不到，蓖麻子本身其实是有毒的，它含有致命的蓖麻蛋白毒素，会使血液凝固，对肝脏、肾脏也有很大的伤害。误食蓖麻子会导致恶心、呕吐、腹痛。一把小小的蓖麻子在几分钟内就足以将一名成年人置于死地！

这样才安全

生活中要远离蓖麻子，如果因为意外吞食了蓖麻子，要赶快前往医院洗胃、导泻，尽快排毒。同时，也可以口服一些蛋清、冷牛奶、冷米汤保护胃黏膜。

毒番石榴

毒番石榴有着绿色的可爱果实，很像苹果。看似甜美多汁，但如果你吃了它，你的嘴巴、喉咙就会迅速肿胀，并伴随剧烈的烧灼感。不仅如此，毒番石榴"浑身是毒"，树汁更是具有强烈的腐蚀性，会使皮肤起疹。从这种树的树干上流过的雨水，也能腐蚀皮肤！

这样才安全

毒番石榴树几乎是世界上最危险的树，对于它，只有四个字：越远越好！下雨天不要在毒番石榴树下躲雨，要取暖也不要烧毒番石榴树的树皮，前者会腐蚀皮肤，后者会让你暂时或永久失明！

危险的白升麻
wēi xiǎn de bái shēng má

白果类叶升麻又叫"白升麻"，是一种原产于北美洲的植物，有时会用它来入药，但是这样做的有效性还需科学进一步证明。不过，我们可以确定的是，白果类叶升麻身上所有的部分都有毒！特别是根茎和浆果，研究表明，6粒它的浆果就会引起呕吐、腹泻，甚至心脏骤停死亡！

这样才安全

类叶升麻的果实还有红色的、黑色的，在野外如果看到类似的果实，一定不能用嘴去尝！如果确实需要观察，一定要戴好手套，做好防护再接近。

不简单的豆子

念珠豌豆被晒干的时候，豆荚会裂开，露出鲜亮的红色豆子，这种豆子看似和红豆很像，但仔细观察会发现它的尾部是黑色的。念珠豌豆的毒性很强，比蓖麻毒素强数十倍。它的毒素藏在其坚硬外壳的内部，如果豆子的外壳破损，人接触到毒素或是误食了豆子，就可能引发呕吐、高烧、抽搐等症状，严重时可能导致死亡。

这样才安全

为了安全，对于念珠豌豆还是远远欣赏就好！如果近距离接触了它，那么不要打开它坚硬的外壳，更不要吃进肚子。如果不慎误食，要及时到医院就医。

péng yǒu zhī jiān yào yǒu jù lí
朋友之间要有距离

扫一扫 听一听

94

昆虫、小鸟、兽类、鱼类等动物是我们"不会说话的朋友"，其中很多更是我们日常生活不可或缺的"好帮手"。不过，这些"朋友"有的虽然看似娇小无害、十分安全，但实际上也非常危险，一旦在相处时没有把握好距离，也会给我们带来伤害。有的大个头朋友就不用说啦，脸上似乎就写着"离我远点"。那么，我们该怎么和它们相处呢？

95

和宠物相处

可爱的宠物给我们的生活带来了不少乐趣，但是，与宠物朋友相处时，也要注意距离！毛茸茸的小狗、小猫或许会不小心咬伤、挠伤我们，宠物鸟类的啄伤也可能会在皮肤上留下疤痕，这些伤口都可能造成感染。有时，有些宠物身上还携带有致命的狂犬病毒，十分危险。

这样才安全

如果家里饲养了宠物，平时要帮它们勤洗澡、保持卫生，并定期为宠物做检查、打疫苗，积极防疫。与宠物接触后要及时洗手，不要让宠物舔自己的伤口。

蚊子"刺客"

"嗡嗡嗡",蚊子又在伺机而动了!别看它小小一只似乎没什么攻击力,但吸血的蚊子却和人类的许多疾病有关,当它叮咬了那些患了疟疾或其他疾病的病人时,一些能够引起疾病的物质——病原体,会随着人血进入它的体内,当这些带着病原体的蚊子再去叮咬健康人时,病原体就乘机钻入健康人的血液里,导致健康的人生病。

这样才安全

蚊子喜欢在通风不良、潮湿有水的环境繁殖,夏天可以仔细打扫这些地方,从根源上杜绝蚊子的骚扰。蚊子也讨厌月桂叶、大蒜、柠檬草油的气味,可以在家中适当摆放这些物品。

粘人的蜱虫

蜱虫是一种吸食血液的寄生动物，别看它身体小，它的破坏力可不小！据科学家统计，仅就目前已知的情况看，蜱虫可携带80多种病毒、10余种细菌，是仅次于蚊子的第二大病原体传播者。蜱虫会把它的倒钩刺入人体，停留好几天都不走。被蜱虫叮咬可能造成人体局部充血、水肿和炎症反应。

这样才安全

蜱虫主要栖息在森林、灌木丛、草丛和山地的泥土中，因此，当小朋友们到野外活动或郊游时，要注意把裤口、领口、袖口扎紧，并在外露部位涂抹驱虫药，做好防护。如果意外被蜱虫叮咬，应立即去医院。

100

蜜蜂的蜇针

每当春暖花开时，我们经常能看到蜜蜂在花丛中穿梭，它们用辛勤的劳动酿成香甜的蜂蜜，时常受到诗人的赞美。不过，可爱的蜜蜂也是"带刺"的，在感到危险时，它们会用腹部的蜇针刺入对方体内，而蜇针连接着蜜蜂腹内分泌毒液的毒腺。蜜蜂蜇针的尖端还有小倒钩，十分难从伤口中拔出。

这样才安全

一般来说，蜜蜂只有在迫不得已的情况下才会蜇人，而且蜜蜂蜇人后，自己也会很快死亡。因此，小朋友们在遇到蜜蜂时，只要不主动攻击蜜蜂和蜂巢，基本可以与蜜蜂"和平共处"。

嘶———嘶———

　　毒蛇是十分危险的捕食者，一旦它们的毒液通过尖牙注入小动物的身体，被猎捕的小动物就会慢慢死亡或麻痹，只能任"蛇"宰割了。毒蛇的毒液对人类也能奏效，而且它们很狡猾，擅长突然袭击，也有的毒蛇（如眼镜王蛇）会主动攻击人类。据统计，全世界每年被毒蛇咬伤的人数大约有30万，死亡率约为10%。

这样才安全

　　毒蛇喜欢栖息在草丛、石缝等阴暗潮湿处，当在户外行进时，可以用棍棒不断敲打地面"打草惊蛇"，减少被突然袭击的概率；也可以用少量雄黄烧烟驱蛇。

暗夜里的蝙蝠

蝙蝠是昼伏夜出的"夜行者"，不过，对于科学家们来说，它还有一个名字，那就是"大自然的活体病毒库"。为什么要这样称呼蝙蝠呢？原来，蝙蝠在病毒的生物链里地位非凡，它是多种人畜共患病毒的天然宿主，能够携带多种病毒。目前认为埃博拉病毒、马尔堡病毒这些杀手级病毒的天然宿主也是蝙蝠。

这样才安全

蝙蝠是大自然生态链中的野生动物，绝不是我们餐桌上的"野味"。对野生动物保持基本的敬畏，拒绝野生动物消费，是保护自然，更是保护人类自己。

106

箭毒蛙

箭毒蛙的皮肤五颜六色、鲜艳醒目，大家都说它们是世界上最美丽的青蛙。但同时，它们也是世界上毒性最强的动物之一。箭毒蛙的皮肤会分泌含有毒素的粘液，毒液中的毒素不容小觑，毒液会导致人的肌肉麻痹、呼吸困难甚至死亡。比如箭毒蛙家族中的"黄金箭毒蛙"，一只蛙分泌的毒液就足以毒杀10个成年人！

这样才安全

虽然箭毒蛙的毒液只能通过人的血液起作用，但它的毒素也可以被未破的皮肤部分吸收，导致过敏。所以，印第安人在捕捉箭毒蛙时，总是用树叶把手包起来避免中毒。

致命触手

水母是一种非常古老的浮游生物，在地球上已经生存了六亿五千万年。水母没有心脏和血液，也没有坚硬的骨骼。水母长有许多细长的触手，上面布满了带有毒液的刺细胞。一旦被它的触手刺到，皮肤便会红肿、刺痛。尤其是可怕的箱型水母，触手带有剧毒，喷射出的毒液能侵入人的心脏，导致人中毒身亡。

这样才安全

我们去海边游玩时，要避开水母爆发的季节，并且选择在安全的水域里活动，尽量远离这种危险的动物。

带刺的海胆

海胆的长相非常奇特，圆球状的它们身上长满了长刺，看上去犹如刺猬，所以，大家又叫它"海刺猬"。"海刺猬"的刺十分锋利，可以穿透人的皮肤、扎入肌肉和骨头，给人造成伤害。尤其是一种"花海海胆"，它所释放的毒素会使人产生剧烈的疼痛，引起呼吸困难等症状，严重时还会导致身体瘫痪。

这样才安全

海胆喜欢在浅滩石头堆的海藻里寻找食物，在海边游泳，一不小心可能就会踩到海胆，导致脚部受伤。如果在海边玩耍，一定要注意脚下呀！

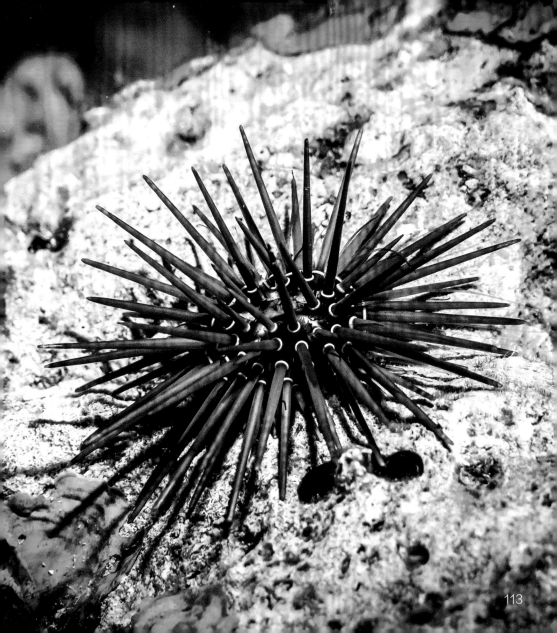

凶猛的鳄鱼

鳄鱼是一种古老而强悍的爬行动物，它们至少已经在地球上生活了上亿年。在远古时期，有时，有些"陆地霸主"恐龙都不是鳄鱼的对手。鳄鱼的嘴里长满了匕首一样锋利的牙齿，身体上覆盖着坚硬的鳞片，身体后面拖着带"刚刺"的尾巴，力气十分大。鳄鱼性情凶猛，即使面对体积比自己大的猎物，它们也会毫不犹豫地出击。

这样才安全

鳄鱼常常一动不动地待在水下，只将鼻孔和眼睛露在水面上，以"守株待兔"的方式等待猎物出现。在鳄鱼出没的地带活动时，要注意观察水面是否有异常，有异常要逃跑！

"追踪器"鲨鱼

鲨鱼是海洋中的顶级猎食者，在海洋中，鲨鱼能嗅到很远的地方传来的微弱气味。同时，鲨鱼的侧线能感受到微小的震动，比如几百米外人们游泳时激起的水波。鲨鱼口中有五六排锯齿状的牙齿，能轻松地咬断手指粗的电缆。有些鲨鱼会主动攻击人类，比如食肉的大白鲨。虽然不是所有鲨鱼都攻击人，但还是要和它们保持安全距离。

这样才安全

传统观念认为鲨鱼的软骨——"鱼翅"营养价值很高，人们因此大量捕杀鲨鱼。其实，这种观念是错误的，"鱼翅"并没有特殊的营养价值。没有买卖，就没有杀害，拒绝"鱼翅"，从我做起！

圆滚滚的国宝

大熊猫有着憨态可掬的面容、圆滚滚的身材，深受人们的喜爱，是我们的"国宝"。不过，大家可千万不要以貌取"熊"，实际上，大熊猫在野外也是很有杀伤力的！它们有解剖刀般锋利的爪子、健壮的四肢，咬合力仅次于北极熊，与棕熊齐平。虽然大熊猫性情温顺，但如果受到惊吓，也会发起猛烈攻击。

这样才安全

大熊猫是一种外表跟实际性情完全不一样的生物，适合远观，但不可近距离地接触。小朋友们在动物园看大熊猫的时候要注意文明游玩，不要吓唬它们或投喂食物。

撕咬专家

可爱温顺的猫是小朋友们都很喜欢的宠物，但它的大个头"亲戚"们可危险得多。虎、豹、狮子这些大型猫科动物都是著名的"撕咬专家"，它们有着粗壮锋利的牙齿、可伸缩的利爪、惊人的弹跳力，在捕食时异常凶猛、迅速果断。在野外，手无寸铁的人类几乎没有可能与它们匹敌。

这样才安全

小朋友们看到虎、豹、狮子一般都是在动物园，虽然动物园有着严密的安全保护措施，但还是要特别注意，不要投喂、挑逗、靠近这些动物，以免威胁自身安全。

rú guǒ yù dào le zāi hài
如果遇到了灾害

扫一扫 听一听

自然界是包括人类在内所有生物的家园，这个"家园"的环境变化，对生存其中的我们也会产生不可忽视的影响。而自然界有时候也会"发怒"，会发生地震、洪水、台风、火山喷发等各种破坏力巨大的自然灾害。那么，当遭遇这些自然灾害的时候，我们又该怎么办呢？

摇晃的大地

在地质学中，地球被划分为"六大板块"，板块间会互相挤压、碰撞，这就会导致地震。地震会引起地面上房屋等建筑的坍塌，火灾、水灾，甚至引发海啸、滑坡等大型灾害，常常造成严重的人员伤亡。对生活在大地上的我们来说，地震无疑是地球上破坏力最大的自然灾害之一。

这样才安全

当地震来临时，一定要牢记七个字"伏地，遮挡，手抓牢"，钻到牢固的桌子下面，用靠垫等缓冲物品遮挡头部，手牢牢抓住桌子腿，不要盲目乱跑！

咆哮的洪水

连绵的大雨让河水、湖水的水位暴涨，积水冲破了堤防，一场洪水已经爆发。水流正疯狂地冲毁一切阻碍它们的东西——房屋、公路、车辆、庄稼……有时候，洪水的巨大水流还会把山坡冲垮，造成泥石流、滑坡等更可怕的灾害。这种自然灾害难以避免，所以人类一直在监测洪水、修筑防御工程，积极预防。

这样才安全

当洪水即将袭来，我们听到政府部门发出的灾害预警时，一定要服从安排，有序地转移到安全区域。在撤离前，可以适当带一些需要的物品，比如饮用水、食物和衣服。

疯狂的台风

　　台风是一种强烈的热带气旋，在6~10月份里，它常常来势汹汹地从海上登陆沿海地区，带来狂风暴雨，导致江河泛滥、道路损毁、建筑物损坏、交通瘫痪，甚至可能冲毁堤坝、淹没小岛，令大量居民遭受灭顶之灾。台风的威力非常大，有时，它引起的海浪足够把万吨巨轮拦腰折断。

这样才安全

　　在台风到来前，一定要密切关注相关部门发布的预警信息，遵守政府部门的要求，不要轻易外出。要积极进行防灾准备，加固门窗玻璃，做到"有备无患"。

雷电袭击

雷雨天气，我们常常看到天空中的闪电，听到轰隆隆的雷声，这其实是带正负电荷的雷云之间，或带电荷的雷云对大地快速放电而产生的现象。雷电虽然一闪而逝，速度极快，但它释放的能量却大到惊人。这种惊人的能量往往会破坏建筑物、击穿绝缘设备、击毁家用电器、造成人畜受伤或死亡。

这样才安全

当雷雨天气来临时，在户外的话，不要在树下躲避雷雨，也不要高举雨伞；在室内的话，要关闭门窗、远离门窗，尽量不要使用电器。

火山发怒了

在地球内部，有一种温度很高的液体叫作"岩浆"，岩浆从地面喷出来，就慢慢冷却并堆积形成了火山。有些火山是"死火山"，而有些火山依然可能喷发，是"活火山"。火山喷发后，会爆发出大量炽热的熔岩、火山灰、岩石碎块，以及各种有害的火山气体，这些物质几乎可以淹没和摧毁附近的一切建筑物和生命。

这样才安全

如果正在火山附近活动，要随时注意收听当地政府对于火山的监测和预告，积极防护。逃离火山喷发要武装好自己，带上头盔和护目镜，用湿布捂住口鼻。

沙尘大盗

沙尘暴是一种灾害性天气，常见于我国北部地区。凶猛的强风把地面的沙尘卷到空中，沙尘漫天飞舞，空气变得十分浑浊。暴露在这种环境下，我们的鼻子、眼睛、肺部都会受到严重的伤害。不仅如此，裹挟着沙尘的强风还会破坏植被、掩埋农田、摧毁建筑物、阻断交通，给我们的生活造成严重危害和损失。

这样才安全

发生强沙尘暴天气时不宜出门，如果不得不外出，要戴好口罩、蒙住头，以免沙尘侵害呼吸道和眼睛。在家要关闭、密封门窗，避免沙尘"趁虚而入"。保护自然环境也是防治沙尘暴的关键。

无情的火灾

跳动的火焰是一把"双刃剑"，给我们带来温暖和光明的同时，也充满危险。我们常常看到关于火灾事故的新闻报道。火焰燃烧时的最高温度可达3 000℃，几乎可以吞没一切。火的蔓延速度很快，一场失去控制的火灾，会迅速让大量建筑物、植被变成废墟，造成大量人员伤亡。

这样才安全

发生火灾不要慌，逃生方法记心间：迅速撤离不磨蹭，浸湿毛巾捂口鼻，高层不要盲目跳，自制绳索顺绳滑，不坐电梯和扶梯，寻求救援"119"。

瘟疫蔓延

瘟疫是由一些具有很强"致病性"的微生物引起的传染病，它常常会在人类社会大规模流行，霍乱、西班牙型流行性感冒、埃博拉出血热、SARS就是典型的例子。传染病会破坏无数人的健康，夺走无数人的性命，是人类面对的"头号杀手"，我们还没有办法完全打败这个可怕的敌人。因此，小朋友们平时一定要提高警惕，做好预防。

这样才安全

预防瘟疫，最重要的就是养成良好的个人习惯。要注意个人卫生，饭前便后洗手，勤洗澡、勤换衣物、勤剪指甲。平时要多锻炼，增强体质，提高抵抗力。疫情来临时，尽量少到人员密集的场所去。

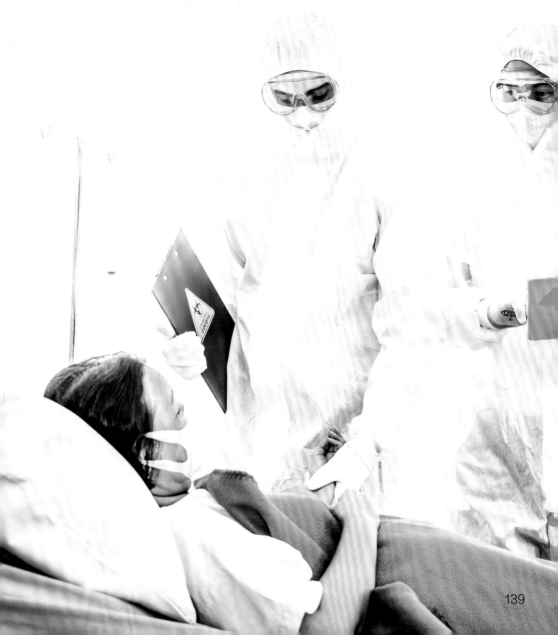

互动小课堂

扫一扫 听一听

小朋友学习了这么多安全知识，现在我要考一考你！敢来挑战吗？

1. 你自己在家的时候，有一个叔叔敲门，他说他是你爸爸的朋友，你要给他开门吗？

2. 周末你和家长一起去了动物园，看到了超级可爱的大熊猫，你的口袋里刚好有糖果，你要给熊猫吃吗？

3. 你和小伙伴出去玩，发现一个没人看管的工地，你的小伙伴很好奇，想进去看看，你该怎么办？